PUHUA BOOKS

与生活保持一张纸的距离

我们一起解决问题

焦虑是头大象

如何一口一口吃掉它

张心悦 ◎ 著

人民邮电出版社

北京

图书在版编目（ＣＩＰ）数据

焦虑是头大象，如何一口一口吃掉它 / 张心悦著
. -- 北京 ：人民邮电出版社，2021.10
ISBN 978-7-115-57075-8

Ⅰ．①焦… Ⅱ．①张… Ⅲ．①焦虑－心理调节－通俗
读物 Ⅳ．①B842.6-49

中国版本图书馆CIP数据核字(2021)第156681号

内 容 提 要

这是一个充满不确定性的时代，这也是一个焦虑的时代。

我们对当下有怎样的困惑？我们对未来有怎样的担忧？在生活的方方面面，在人生的各个阶段，焦虑正以怎样的形式困扰着我们？

本书紧跟当下的热点问题，对我们身处的焦虑时代进行了全面的、多角度的解构，并对我们面临的新的挑战和新的课题进行了全面的解读，介绍了新的媒体环境如何助长了我们这个时代的焦虑，我们对于家庭、亲子关系、两性关系有了哪些新的认识，时代给家庭和关系带来了怎样的挑战和机遇，心理学将如何指导我们穿越焦虑。另外，本书作者对自己多年的自主书写的经验进行了总结，并且配合书中各主题设置了18节自主书写课，为读者提供了便捷的情绪梳理工具。

本书适合在焦虑中失去方向、无所适从的各类人群，希望本书能够帮助读者拨开焦虑的迷雾，看到未来的方向。

◆　　　著　　张心悦
　　　责任编辑　姜　珊
　　　责任印制　胡　南

◆人民邮电出版社出版发行　　北京市丰台区成寿寺路 11 号
　邮编 100164　电子邮件 315@ptpress.com.cn
　网址 https://www.ptpress.com.cn
北京七彩京通数码快印有限公司印刷

◆ 开本：880×1230　1/32
　印张：9.5　　　　　　　　2021 年 10 月第 1 版
　字数：150 千字　　　　　2025 年 10 月北京第 11 次印刷

定　价：59.80 元

读者服务热线：（010）81055656　印装质量热线：（010）81055316
反盗版热线：（010）81055315

接纳焦虑，不对抗

写下这篇推荐序的时候，我正在苏州父母家中。由于疫情的影响，这是一年半以来，我第一次回家探望父母。一年半前，2020 年 1 月 23 日，腊月二十九，我也是在父母家中，因为突如其来的疫情，写了一篇博文《被传染的不仅是病毒，还有恐慌》。

彼时，恐怕最有经验的医学家，或者最有洞见的政治家，或者最有想象力的科幻作家，都没能预见这场疫情竟然会持续如此之久，影响如此之大，改变世界如此之多，以至于改变人类历史。

一年半前写完上面的博文后，我便奉命赶回北大参加抗疫。一开始我以为，或者期待，封城只会持续 14 天，在 14 个月过去之后，势态反而有愈演愈烈的危险。我们经历了封城封小区的不便，也经历了空荡荡的校园和全网络授课的 2020 年春季学期，在那个学期，我第三次开设了《灾难心理学》课程，并且全网直播；我们经历了全国人民齐心抗疫，共同迎来阶段性的胜利的全过程。2020 年 5 月社会逐步开始复学、复工。此后，全球疫情此起彼伏，疫情逐渐常态化。直至今日，恐怕没有人能预测，这场疫情何时才会真正离我们而去。

我们真实地经历过这场恐慌和焦虑。

我一直在想，这样的天翻地覆想要告诉我们什么？

因为疫情，我们减少了外出餐饮，并养成了更好的卫生习惯；我们减少了长途旅行，放弃了一些个人自由。虽然社会放慢了脚步，但我们面对这次暂停极其重视但不恐慌，认真对待但不焦虑。是的，疫情常态化了，但我们接受并且开始习惯，因此我们的生活得以恢复。

这不就是我们应对焦虑的智慧吗？

接纳焦虑而不对抗，接受无常，但仍积极地去生活。

最近三十年，尤其是随着互联网的高速发展，世界越来越小，地球越转越快，我们却越来越焦虑，甚至已经将每天焦虑地生活与工作视为生活的必然。我们的职场充斥着焦虑与压力，"996""007"成了很多职场人工作的常态，不少人因此爆发了身心疾病；我们的教育竞争也日益激烈，甚至有孩子们从零岁开始起跑，作业越来越多，学业压力却不见减少，以至于青少年的心理健康问题越发严重。

焦虑是人类的常态吗？

是的，焦虑只是人类的多种情绪中的一种罢了。不过对比以往任何阶段，焦虑从未这样被人们清晰地意识到过，这种焦虑已是我们的一种时代病。

本书就是为了帮助现代人面对和应对越来越焦虑的世界而写的。作者张心悦女士是我的心理咨询研修生。心悦女士冰雪聪明，积极好学且对生活一直充满热情，她是一名一流的培训师，一直在为很多著名的企业提供培训。她著作颇丰，迄今已经出版了《职场正能量》《学会说话》《交互式对话》等著作，这一点也令我自愧弗如。在本书中，她创造性地提出了通过穿越心灵的书写刻意练习，来自我管理焦虑、自我疗愈焦虑的行之有效的方法，并对焦虑的成因以及心理学上的理解进行了分析，旨在帮助现代人更好地理解自己和当下的世界。

我们可能无法做到不焦虑，但我们能用智慧去理解焦虑，接纳焦虑，与焦虑同行共处。语言和文字，大概是我们人类独有的智慧和创造，从象形文字开始，人类就将对人和世界的理解和智慧留在了字里行间，一代代传承至今。

希望每个读者都能通过书写形成理性、平和、自尊、自信的行事方式，建立亲善友爱、积极向上的人生态度，过好有点焦虑却更加美好的人生。

徐凯文

临床心理学博士，精神科医师

大儒心理创始人

2021 年 6 月于苏州

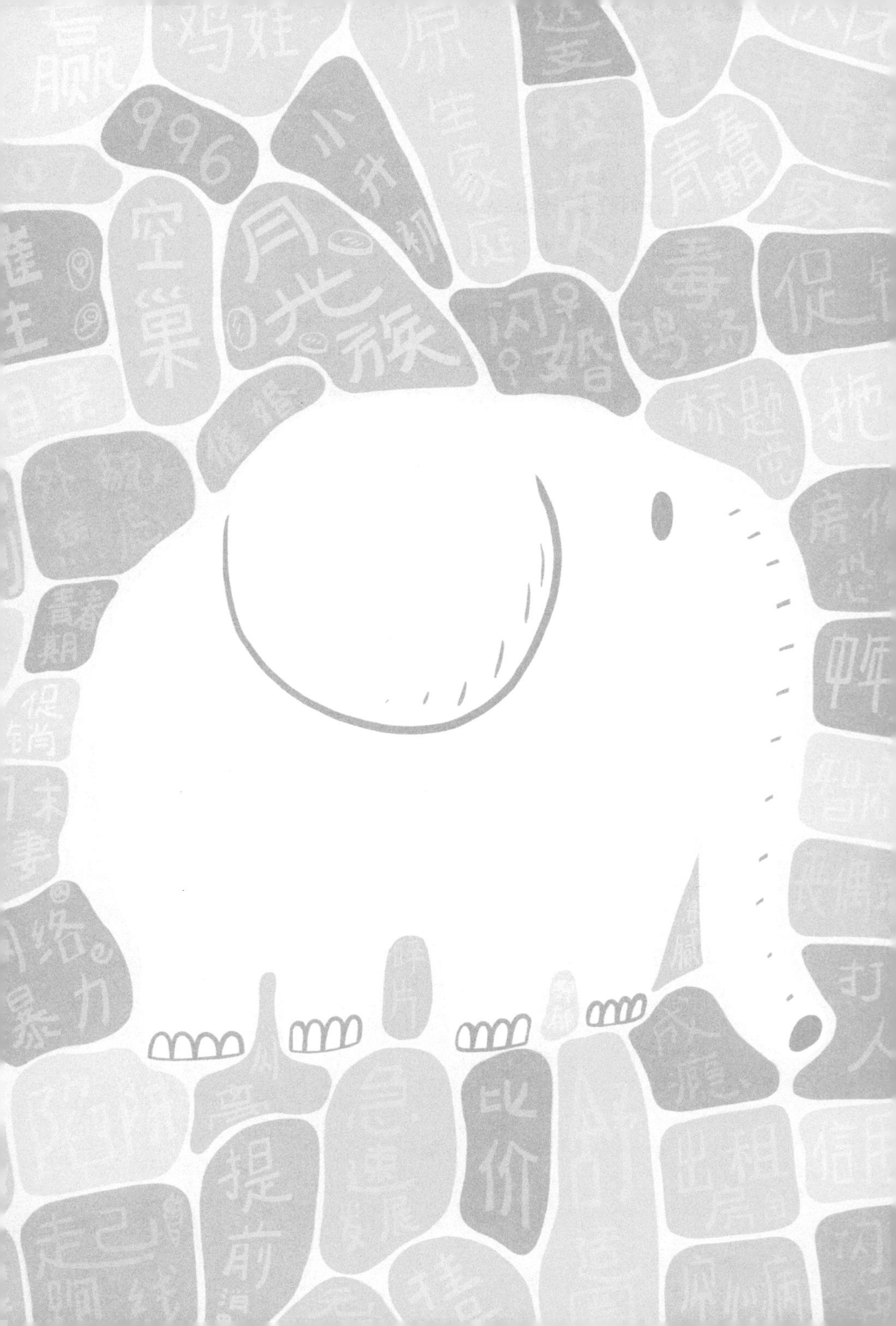
鸡娃
996
空巢
月光族
闪婚
毒鸡汤
青春期
促销
网络暴力
提前
比价

与焦虑做朋友

2021 年 6 月 8 日 15 时 57 分，我刻意精准地记录下这一刻，因为今天从睁眼到此刻，我的心都是纠结的，这种感觉极其难受。我在所有的工作群里"上蹿下跳"地批评我的团队，过度释放着一个销售管理者的任性。然而，当我听到心悦老师那迷人清澈的声音响起时，我立刻跳出了当下的困局。心悦老师请我为她的新书写序。我感到非常惊喜与荣幸！

用时下流行的话说，心悦老师是一个正在遭遇"内卷"的"海淀妈妈"，但在我与她相识的这么多年里，她从未被打败，始终是一个超级能量体，常给人一种很舒服的感觉。她为了更好地培养女儿，曾将事业停摆了五年，但却在这段岁月中写下100 多万字。我对于随时随地能静心书写，并且持之以恒的她钦佩不已。

当我看到书稿时，每一个章节，每一个标题，都让我感同身受，使我回归了一种质朴的心境，以至于忘记了回复心悦老师，彻底沦陷在了她的书稿中，无法自拔。

　　然而，今天已经是 6 月 27 日，我的推荐序还停留在 6 月 8 日那一天，我开始焦虑了。因为我不想辜负心悦老师的信任，在这样一座钢筋水泥铸就的城市里，这份天然的信任让我心生欢喜。

　　所以，此时此刻，我身处一个充满仪式感的环境中，一个人安安静静地，再次让心悦老师的这本新书在我的心间流淌一会儿，这样，当我下笔时，我就能把自己最真实的感受分享给你。

与焦虑共处，"懂"比"爱"更重要

　　当我看到书的引言的标题"我懂你的焦虑"时，内心涌动。在这个时代，我们为之焦虑的事林林总总、大大小小，没有人能生活在别处，我们都停不下来。而看到心悦老师那一个"懂"字时，我仿佛看到她柔和的目光正注视着我，我的内心安静了下来。书稿中确实呈现了很多现代人面对的焦虑困境，这些文字说到了你我的生活深处，很多时候，"懂"比"爱"更重要。

　　刚刚过去的周五晚上，我去见了一个在"大厂"工作了三个月的朋友，当她和我分享她的现实焦虑时，我竟然有一丝羡慕。她的焦虑在于，在她所处的公司里，所有人都在抢活干，是自己的工作要抢着做好；不是自己的工作，也要争取抢过来，想方设法地证明自己也能干好。我觉得这是一种正向的焦虑。但是，如果我的朋友在处理这样的焦虑时用力过猛，耗损了自己的身体，我也不确定未来的她会不会更不快乐……而我们作为个体，如何能够张弛有度地与焦虑共处，把焦虑更多地转化为行动的力量，并最终驾驭它？我相信你可以在心悦老师的书中找到答案。

情绪是底层逻辑，让人感同身受

除了"懂"以外，这本书将专业心理学理念与知识用当下人们沟通的语言风格展现了出来，这让我对这本书的期待更大。因为我曾经读了 3 个月中科院心理研究所的心理学课程，却没有坚持下来，一是时间问题，二是我对一些晦涩难懂的心理学术语和理论真是望而生畏，对我而言，那些内容的催眠效果极好。而当我看到心悦老师的书稿时，我不仅不觉得枯燥，还有种她懂我的情绪的感受，并且书中的内容也在教导我们用简单易行的方式来处理情绪风暴。

情绪是一个人的底层逻辑，如果我们不能很好地与自己的情绪相处，那么这对我们自己和身边人来说都是一场可大可小的灾难。我在读它的多个瞬间都看到了自己，仿佛心悦老师正在把我心中所想诉诸笔墨，跃然纸上的都是我曾经的愤怒、忧伤、迷茫和无力。而这本书用心理学知识，把处理这些情绪的可行方法告诉了我们。她说："让我们把爱返还给职场。"这一句话让我的眼泪在眼眶里转了很久很久……

书写简单易行，情绪流淌也入心

作为职场女性，她放弃了五年的光阴，我是没有这个勇气的。而心悦老师，不但用心陪伴了孩子，还磨砺出了更有价值的智慧。这本书邀请你我一起开始刻意练习书写，记录这一点一滴的人生。每一章都会使你进入一个焦虑情境，"精致穷""内卷""原生家庭"这些热点社会现象的背后，有我们都懂的道理，和没有看透的人生本质，书中的文字会逐一给我们解答，同时，带我们一起书写出别样的人生。

为什么这本书会有我这样一个人写序呢？因为我是一个正感受着"焦虑"的职场女性，同时我也是一个一直坚持"做自己"的人。我从一个小镇来到北京这样一个大城市打拼，在这里，我从一个普通的电话销售员做到了上市公司的高管，一直在面对高压力的竞争、转赛道的迷茫。我也是一个妈妈，经历过分娩的阵痛，面对过体重飙升导致的低自尊，在未来不短的时间里也将经历养育孩子的各种难题。在很多时候，我们的人生都需要有像心悦老师这样的挚友，教我们做自己的方法，帮助我们成长为自己想要的样子。

朱佳英

非你莫属 BOSS 团常驻嘉宾
同道猎聘集团北京分公司总经理

目录

第 2 篇　网络焦虑时代

这头大象满满当当地占据了整个生活空间。

第 3 篇　无焦虑不人生

探索这头大象的过去与现在。

第 4 篇　穿越焦虑

一口一口吃掉它，你便有了呼吸空间。

百年后，当你回望这个时代时，如果让你写出一系列的关键词，"焦虑"一定就在其中。

打开手机，铺天盖地的信息里都暗藏着"焦虑"。每一日早高峰的车流和地铁里匆忙的人群是行走的"焦虑"。巨幅的广告、"双 11"的促销、课外班的学习冲刺计划……欲望和励志的外衣包裹着的也是"焦虑"。

我们生活在一个"热火朝天"又充满焦虑的世界里。

==也许可以说，如果你没有感受过焦虑，你就不曾在这个时代真正活过。==

"丧""996""内卷""打工人""房价式恐婚""小升初"……焦虑弥散在各种社会热门话题中，渗透于生活的方方面面、边边角角，仿佛人们"不焦虑就不足以谈人生"。

　　焦虑是一种不愉快的、不轻松的、令人烦恼的情绪状态。它是人们对不明确的威胁性因素产生的一种身心反应。这种不明确的威胁，可能是来自外界的刺激，也可能是来自内在世界的冲突。当我们正值青春的时候，面对荷尔蒙的蠢蠢欲动，我们体验过"躁动"的焦虑。当我们面临人生的重大选择、重大变化的时候，面对未来的不确定性，我们体验过"迷惘又期待"的焦虑。当我们遇到爱情、孩子出生，或者遭遇亲人离去的时候，我们体验过"兴奋"或者"丧失"的焦虑……

　　焦虑一直都在。只是在这个时代，我们"看见"了它。

面对焦虑，我们该怎么办呢

　　焦虑是我们内心的平衡被打破后出现的自然反应。它反映着我们内心的不安、矛盾和冲突。一定程度的焦虑能使人在变化的情境中保持适当的警觉，帮助我们调整内心的状态，帮助我们及时适应、推进行动并解决问题。然而，如果一个人的焦虑很严重，且持续时间过长，影响了日常生活，那么焦虑就可能发展成一种心理障碍，比如，我们所熟悉的社交恐惧、惊恐发作、强迫症以及创伤后应激障碍（PTSD）等。

　　目前，在全球范围内，焦虑障碍的终生患病率为5% ~ 25%，2019年4月公布的中国精神卫生调查的数据显示，在我国，精神障碍的 12 月患病率为 9.32%。其中，焦虑障碍的患病率最高，为 4.98%。这是临床中已经进入治疗并达到精神疾病诊断标准的人群比例。据此我们可以推测，没有达到诊断标准，但存在焦虑情绪困扰的人群，要多得多。甚至可以说，没有人可以完全免受其扰。

自 20 世纪 40 年代以来，美国《时代》杂志的封面上出现过多次有关"焦虑"的主题，并且这些主题呈现出了一些有趣的变化。在最早期，封面上出现的是世界名画《呐喊》，这标志着焦虑时代的到来。之后，主题依次变为 "high anxiety"（高度焦虑）、"understanding anxiety"（理解焦虑），到了 20 世纪 80 年代后期，杂志封面的主题变成了 "why anxiety is good for you"（为什么焦虑对你有好处）。这似乎反映了长达半个世纪的工业发展之路和与之相伴的心灵救赎之旅——从"高度焦虑"到"理解焦虑"，再到"积极看待焦虑"，即找到真正让内心重归和谐的发展之路。

这不正是我们现在亟待解决的现实问题吗？

依靠自己，穿越这场"危机"

要解决精神疾患，我们离不开专业的医生和心理学工作者的帮助。俄罗斯和美国是精神卫生领域发展比较早的国家，在俄罗斯和美国，每 10 万人中有 11 名到 12 名精神科医生。

而在中国，虽然近 5 年来，我们大力发展精神卫生事业并针对心理咨询服务人员进行培训和认证，但是合格的心理健康服务人员的增速远不及患者的增速。同时，人们对心理服务所持的观念和消费能力依旧是巨大的制约因素。

随着重大公共卫生和安全事件的频发，随着青少年的学业压力和精神问题日益突显，心理健康工作逐步走进公众视线，心理科普工作已经铺展开来，且成效卓著。但是从业人员普遍面临从"专业化"走向"大众化"的转化困难，而且相关知识鱼龙混杂，公众很难接触到通俗而系统的心理科普。

因此，我们还是要依靠自己，穿越这场"危机"。

==化解焦虑，其实并没有我们想象的那么难。==

焦虑一直都存在。在过去，我们对精神状态的关注度没有这么高，对个人幸福感的需求也没有这么迫切。人们将忙碌、劳作、信仰、责任感等作为抵御焦虑的工具。苦难和艰苦奋斗，也是抗击焦虑的良药，并能升华成伟大的精神财富。然而，当物质上的匮乏和苦难过去以后，我们又该如何完成这一次的精神救赎呢？

我和每个人一样会面临人生中的诸多困扰：遭遇职业的天花板、身披铠甲努力"鸡娃"、面临中年危机……我曾在那些最艰难的"困境"时刻，在不知不觉中写下百万字的"日记"。因为我从事心理工作，所以我在书写的过程中加入了一些自己熟悉的心理学方法，比如，对自己书写的内容进行"精神分析"、尝试记录"梦"和对"梦"进行工作、利用"认知干预"的技术对书写的内容进行复盘……

同时，我在工作中遇到越来越多的来访者因与焦虑有关的问题前来求助，在授课中接触到越来越多的学员询问如何处理焦虑。我开始思考，如何帮助自己和更多的人走出焦虑。

一日，我突然发现，解决方案就在手边。书写，是一条应对焦虑的出路。这是我行走在漫长的人生弯道时，岁月留给我的珍贵礼物。

现在，我想把这个礼物，也送给正在"焦虑"的你。

书写为什么能解决焦虑的问题

和其他一切可以缓解焦虑的方法一样，书写可以帮助我们实现以下一些可能性。

◇ **最忠实的自我陪伴**

这是一个如此忙碌的时代，忙到我们茕茕孑立。生活在同一个屋檐下的夫妻，也未必有充分的时间相处。而人，是需要陪伴的。书写以最低的成本、最便捷的方式使我们可以随时随地开启与自己的对话。

◇ 最安全的自我疏导

每个人都有倾诉的愿望，都有在积压的琐事中释放压力的需要。面对难以开解的心事、人际关系、家庭冲突，每个人都需要释放情绪。然而，我们的身边是否有唾手可得的合适人选来安顿我们纷乱的心情呢？我们是否可以不被评价，不被质疑地任意抒发自己的情绪呢？在书写的那一方空间里，我实现了这一份身心的安顿。

◇ 最平等的自我表达

表达，本该是人人平等、人人可为的。然而，在现实中，言说却没有那么容易。我们总会担心他人的眼光、权衡现实中的利弊，找不到合适的时机。很多话都来不及说出口，我们就这样慢慢地沉默了。当你习惯了沉默，这颗心就好像坠入了深海，抑郁便不请自来。书写捍卫了你表达的权力，实现了你表达的自由，让你内心的能量始终保持充沛。

◇ 最持久的自我整合

叙事治疗、完形治疗也都关注述说、人生故事对人的内在的疗愈和发展作用。写字亦是在编织内心。而书中经过精心设计的刻意练习方法，作为一种自助式的"成长书写"练习，能让每个人都轻松学会。这是一个经由自身的力量、自发的智慧完成的自我整合过程，与借助他人的帮助完成的整合相比，它的效果更加持久。你所写的，就是你所得的。

◇　**最振奋人心的自我实现**

在创作这本书的过程中，我翻阅了自己以往的书写手稿，期待把最实用、最有效的方法整理出来。同时，我也惊喜地看到了自己在书写过程中经历的那些不同寻常的内在成长。我仿佛再一次回顾了自己从焦虑、迷惘、黑暗、狂潮中穿越而来，抵达生命深处，最终与自己相遇的这一段宝贵的人生经历。通过书写，我们不仅可以化解焦虑，还可以走上自我发展的道路。

现在，我邀请你一起出发

你接下来将要阅读的这本书的定位并非治疗焦虑、抑郁等心理障碍问题的专业书籍，我刻意避免了很多会给大家带来不必要的困扰的专业术语。它也不是有关灵修、瑜伽，或者精神修行之类的神秘指南。我把它定位为：一次关于理解焦虑的、叩问心灵的真诚对话；一个人人可为的、有关书写的、有助于自我解压和自我成长的刻意练习方法。它是陪伴也是相邀。

在书中你会读到若干个有关焦虑的话题。我对焦虑的成因及应对方法从心理学角度做出了通俗的解读。这不是"鸡汤"，更不是"鸡血"。我努力地把它们写成让我们恢复平静的"白开水"，希望它们能够恢复你的精神"味蕾"，因当下时代的过度刺激而麻木的精神"味蕾"。希望你能借此回归平静，从焦虑的囚禁中解放出来。

同时，我在书中还循序渐进地给出了书写的刻意练习方法。你可以自己完成刻意练习，也可以加入书写训练营寻找同伴共同成长。当然，你也可以单独使用本书中的任何一个方法，从某一个打动你的地方开始，动起笔来。

期待这本书能成为你理解焦虑的钥匙，让你可以和焦虑做朋友。

第 1 篇

焦虑症候群

每个人心里都有一头大象。

第 1 章

直面内心的恐惧

> " 这是我第 11 次想要逃离这座城市……这是我今年第 7 次想要离职……这是我第 26 次想要解散公司……这是我第 33 次想要离婚……"

这段话来自一部广告短片,它被誉为当年的年度最催泪、最励志的广告短片。它的时长不到 300 秒,却一度刷爆网络,戳中数千万网友的心。短片中的场景取自真实的都市生活,讲述的故事主角就是我们身边的人,也可能就是我们自己。

我们,想要逃去哪里

生活在繁忙的都市中,我们难免会有这样的时刻——想要逃离。

"离开这一切或许就好了""换个时机或许就好了""换个对象就好了"……工作不再是"从一而终"的选择,而是可以频繁更换的"机会"和增加薪酬的"跳板"。逃离"北上广"的呼声越来越真实，并且正在转化为行动。根据猎聘网的大型调研的数据，疫情前，有超过一半的职场人在远离家乡的城市工作。疫情过后，这些职场人中有 35.07% 的人表示要离开大城市，返回家乡或前往距离家乡更近的工作地；28.47% 的人表示正在犹豫之中。

民政局调查数据显示，2020 年第一季度，吉林省以 71.51% 的离结率占据榜首。全国的平均离结率已经高达 39.33%。婚姻在这个时代已经变得如此脆弱。我们带着憧憬走进婚姻，又在"生活琐事"的袭扰下，纷纷逃离围城。

家庭中的抚养压力越来越大。教育成为成年人世界的最大焦虑源。家长们闹着要"退群"，逃离家长圈。学生中，厌学、抑郁、自伤越来越多发、早发。孩子们用如此激烈的方式"逃离"校园这个本该播种梦想的地方。小升初已经成为仅次于高考的激烈"战场"，各种学习辅导群层出不穷，它们被命名为"上岸群"。"逃离苦海"的画面感呼之欲出。

"然而离开后，真的就好了吗？"

"你想要逃去的地方，真的有你想要的未来吗？"

心若不可安顿，人间何处是岸。

焦虑指向无法掌控的未来

这是一个广泛焦虑的时代。

我们最常说的"焦虑"是一种充满恐惧、焦躁但又无处着力的"忧虑感",它如影随形,漫无边际。这种"忧虑感"来源于我们内心的那个无法安顿的、不确定的未来。

不可预测感

曾经,一杯茶加一张报纸式的、一眼望到头的生活为我们所诟病。因为我们不想要那个一眼望去就可以看得到的未来。别忘了,新的时代也曾让我们欢欣鼓舞,它充满了机遇和可能性。然而,高速的发展、动荡的环境在逐步增加未来不可预测的强度。股市、房市、就业、疫情……当未来的不可预测性远远超越了我们对未来的可能性的期待,失控感和不安慢慢成了我们的主要感受。不确定感,在不断增添忧虑的砝码,让我们内心的天平开始按捺不住地向焦虑倾斜。

陌生感的涌动

新科技促成了新事物、新行业、新的生活方式。新鲜事物层出不穷。我们一方面在享受智能导航带来的便利性,另一方面依旧要面对陌生环境带来的不适感。我们越来越熟悉和适应点餐的便利和外卖的口味,同时也对蔬菜、土地、烹饪越来越陌生。通信的便捷使社交群体得以迅速聚集，你结识陌生人的可能性大大增加，但你对虚拟世界里的人的内心世界却越来越陌生。新鲜感和陌生感是硬币的两面，新鲜感是一种看得到的刺激，而如影随形的陌生感是蛰伏在心中的、蠢蠢欲动的暗潮。你害怕停住脚步，因为你只要短暂地停留，这个世界就会变得让你认不出来。

暧昧不清的折磨

在这个时代，选择的可能性增加了。海量的信息、开放的舆论和去中心化的媒体时代让我们在失去未来的可控性的同时，也失去了对当下的准确把握和判断。你能在眼花缭乱的促销背后，计算出真正经济实惠的选择吗？你能在层出不穷的教育理念中，预测哪一种适合你的孩子，并将在 10 年、20 年后产生正面的结果吗？多元化带来了多姿多彩的生活方式，代价是所有的选择在你想要做出决定的那一刻，都变得暧昧不清。

这些不可预期的、陌生的、尚未清晰的刺激，都会让人产生焦虑。

比焦虑更可怕的，是关于未来的"可怕想象"

未来不可预期，但总是喜忧参半。不确定感的确会带来焦虑，但那些对不确定未来的"负面预期"，即关于未来的"可怕想象"，才是真正导致焦虑无休无止地加深的元凶。恐惧，最易传染，也最易被放大。一个人的焦虑是一夜的辗转反侧，一群人的焦虑则变成了夜夜梦魇。对未来的"可怕想象"，一次次地放大个体的焦虑，制造出更多的群体焦虑，幻化出一个个让人信以为真的"事实"，而这些焦虑又再一次成为催生更多"可怕想象"的土壤。

这个世界是如何诱发了你的糟糕想象？

坏消息法则

好消息不出门，坏消息传千里。人们之所以更加容易关注负面信息，是因为在漫长的演化中，人类因拥有超强的危险感知能力才得以"适者生存"。"坏消息"散发着危险的味道，人们越是在焦虑不安的时候，对它们就越敏感。因此，那些可以触发焦虑的"坏消息"总是更能吸引人的眼球。很多"标题党"就是抓住了这一点，很多商家也是充分利用了这个心理因素，很多谣言得以传播也是基于此。于是，糟糕的想象像雪球，迅速越滚越大。

把焦虑丢出去

焦虑是个烫手的山芋。内心焦虑的人，忍不住不停地去"点击"焦虑的信息，但同时又无法消化这些信息，他们特别容易把这些焦虑无意识地"扔"出去。他们通过把焦虑丢到网络评论里"发泄"；他们"迫不及待"地转发，把焦虑丢进朋友圈；他们随便找个"功课做得慢""又玩游戏""这个都不会"的理由把焦虑丢给孩子……按照吸引力法则，焦虑的人又特别容易聚集，这不仅会制造出更多的焦虑，还会导致他们直接被商家选中。"秒杀"，强化了"如果错过就会失去"的焦虑。"不要输在起跑线上"，制造了你不跑就输了的焦虑。很多商业植入通过反复刺激人们，形成了一种根深蒂固的心理暗示，它把焦虑深深地种在你的内心深处。

认知的窄化

负性信念出现以后，不仅会放大焦虑的情绪，还会导致认知的窄化，即人们的认知、情感或思维意识越来越向某个点集中，范围越来越狭窄，人越来越偏执，越来越局限。这和如下情况类似：一个人越担心错过促销机会，就越关注促销信息，关注得越多就越深信只有参与促销活动才能让自己的利益最大化。窄化过程同时表现为对窄化对象的感受性增加、敏感度增强。所以我们每次一看见促销就"浑身来劲"，一清空购物车就感觉"大获全胜"。连续几个月"吃土"，也挡不住下一次的抢购热情。

"坏消息"引诱着我们一起参与、争相传播，我们共同制造了一个又一个"可怕想象"。而认知窄化让我们对此"深信不疑"。

我们一起"乐不可支"地共谋了一个充满危机的未来。

给自己按下暂停键

要打破对未来的"可怕想象"，首先要让自己"暂停"。

暂停是指当外界的刺激到来的时候，我们在产生想象和付诸行动之间设置一个停顿，给自己留出空间。

暂停是让我们回归"呼吸"，开始关注和放松我们的身体。暂停是回到充满烟火气的生活，去菜市场触摸新鲜的蔬菜和水果。暂停是走进自然，倾听鸟语，嗅到花香，环抱大树，抬头望云。暂停是让自己回到真实的世界里，在这里，想象会逐一破碎，也无处生根。

然而如今，又有多少人，真正拥有这样的"暂停"的能力呢？

日渐加深的"恐惧"让人们忽略了，我们的身体和意志的承受力都是有限的。在焦虑的裹挟下，我们日复一日地逃亡，在忙碌里消耗掉了宝贵的生命力。很多人在精疲力竭之后遭遇了"被迫暂停"。

随处可见的拖延

拖延，是最常见的被迫暂停。因为我们的内心对那个被"恐惧"驱赶着要去的地方是那么不情愿。于是我们一次次地回避，内心的那个"要做"和"不想做"之间的冲突像树与藤之间的相互缠绕和僵持，最终变成了一种畏难和抵触的情绪。每次到了最后的时刻，焦虑总能大获全胜，我们被迫奋力一搏。一次次这样的经历，不仅让我们备受折磨，还会导致力量不足、现实中的社会功能受损、抑郁情绪滋生。当抑郁真正袭来时，我们的身心都将被迫彻底暂停。

厌学的孩子

孩子们因"厌学"退出学校，是一次代价惨重的被迫暂停。这不仅意味着一个孩子脱离了正常的成长轨道，也将导致一个家庭的发展进程的重大停滞。几乎所有厌学的孩子都经历过一个漫长的挣扎过程——从一开始感受到压力，到出现人际关系方面的障碍，再到越来越跟不上功课而被群体"丢下"……他们失去了朋友，失去了老师的支持，失去了自我价值感，最后不得不退出学校。这又何尝不是因为我们的父母很多时候无法"暂停"下来看一看孩子遭遇的困难，以及他们内心的担忧，没能帮助他们及时解决问题。问题日积月累，孩子的身心一再受损，最终承受力到达了极限。没有孩子真的愿意离开学校，厌学是遭遇孤立无援继而滑向深渊后的被迫暂停。

身体的严重问题

每隔一段时间，我们就会看到有人因高强度工作猝死的新闻。比起拖延、逃避这些"退缩"的状态，主动的、"励志"的、疯狂的忙碌同样是无法暂停的表现。然而，后者往往备受推崇。很多人忙碌，其实只是因为他们深受"焦虑"的驱动，弄丢了奋斗的内在意义和精神的满足感。最终这变成了一种自我耗竭。直到身体不堪重负，职业生涯戛然而止，我们才会为其中的代价痛心。

若你被可怕的"想象"追赶着一路狂奔，总有一天你会遭遇"被迫暂停"。

在这个充满焦虑的时代，我们尤其要：直面内心的恐惧，回到真实的当下。

和生活保持一张纸的距离

2015 年，我的女儿入学了。我成了一名"海淀妈妈"。我做家务、辅导作业、热心家委会、筹划事业的转型……在家庭、教育、职业的平衡轮上变成了一只"四肢翻飞"的小仓鼠。在冬季的那些雾霾天里，我的嗓子终于"无法发声"了。

我被迫暂停。

我报名参加了由马萨诸塞大学医学院正念中心、加利福尼亚州健康研究院的佛罗伦斯·梅耶尔和鲍勃·斯特尔教授来京主讲的"正念"课程，想让自己借这个业务学习的机会，顺便休息一下。地点是北京蟹岛。正念课程的第二天，我被迫关掉手机，完成了两整天的"静坐止语"训练，被"强制"彻底暂停的我感觉头晕目眩，出了一身疹子。夜晚，我坐在宾馆的房间里，整个世界静寂无声。窗外下起了大雪，漆黑的天空中星光点点。我翻开日记本，想写下老师在课堂上提出的问题："你为什么来到这里？"

"我发现，我连休息，都这么用力……"

艰难地写完这一行字后，我倒头大睡。

在那个寂静的夜里，我终于和自己在一起了。

从此，书写正式走进我的生活，成了我随时随地的功课。

我会在清晨送走孩子之后，静静地坐下来，简单写一写这一天的安排；我会在情绪的风暴到来或者退去的时候，坐回到电脑前，一个字一个字地敲出自己的愤怒和眼泪，忧伤和无力……直到自己恢复平静；我会选择在每日的某个固定的时段，连续书写有关同一主题的所思所感，完成某一个部分的自我的内在成长；我习惯了在做每个决定之前，使用书写与自己对话，问自己到底想要去哪里……

渐渐地，我会在便利贴上也写下给孩子的几句话，再放

第 1 章　直面内心的恐惧　　021

进她的午餐盒里。

转眼 5 年过去了，在那一场疫情突然来临的时候，我已经攒下了足够的书写体力和耐力。冬夜寂静无声，在封闭的小区里，我再次回到蟹岛的那些安静的夜，完成了两本心理学科普图书的写作。

书写，为我的生活按下暂停键，让我和生活保持着一张纸的距离。

从此，我走上了另一条路。

邀请你加入书写：现在，一起出发

也许很多人在听完这个故事后对书写跃跃欲试，但一转眼就又打起了退堂鼓。

我没时间怎么办

书写只是自己和自己的一次对话。当我第一次给自己写下那一行字时，我只不过是，在生活中，稍稍停下了脚步，给久违的自己打了一个招呼。书写可以随时随地进行，你可以在随身带着的本子上，记下一个心情瞬间；你可以在手机备忘录上记下一个有趣的想法；你也可以将每日写三五句话作为打卡任务，这些都是书写。书写需要的不是时间，它需要的是你肯望向自己的决定。

我可没有书写的才华

自我成长的书写练习并非专业创作，你的文字不会被审核，也不需要发表。字里行间都是你自己和自己的心事。书写的唯一读者其实就是你自己，自我成长的书写练习全凭你的自我感觉。我倒是发现，很多人在开始书写以后，都"意外"地发现自己原来如此有才华——原来，我还有那么多的宝藏。

不知道写什么，怎么办

当"没时间""没才华"都不是问题以后，你一定会拿出最后一个撒手锏："我不知道写什么，怎么办？"在书写群里，不少人对坚持书写的担心就是不知道写些什么。我会说："那你就写写每天怎么刷牙呀！"有人说："这个有什么好写的。"也有人半信半疑地开始尝试。

学员书写摘抄

Day1：刷牙

我昨天问，不知道写什么，怎么办？老师说，我可以写写刷牙。我今天，的确刷牙了。哈哈！我的杯子是红色的，我的牙刷是白色和蓝色相间的，我用××牌的牙膏。嗯，因为最近牙龈总是出血。我今天特意认真地刷了牙……好吧，就这么多。

Day9：刷牙

我换了个软毛的牙刷，因为我突然发现，过去的那一把牙刷有点硬。我竟然一直没有发现这一点。我应该有一个月没换牙刷了，不，也许更久，上次换牙刷的时间真的不记得了。奇怪的是，这么久了，我竟然一直都没有发现那把牙刷是硬的。它导致了我的牙龈出血。我还一直以为我上火了。今天我认真地用开水烫了烫新买的牙刷后，轻轻地把它放进了我的嘴里，我回忆着已经忘记了从哪学过的刷牙的正确方法，先上下刷，然后……总之我打算找一个有关刷牙的科普视频重新学一下……我打算对自己好一点。

Day39：刷牙

有日子没写刷牙了。刷牙现在竟然成了我每天早晨最享受的时光。我在刷牙的时候常常还没完全醒。我会一边用小刷子温柔地按摩牙齿，一边对自己说："嘿，咱们马上就要吃早餐了"，或者"今天天气真好，我的牙齿白白的"。我的左后方的第二颗牙齿和第三颗牙齿之间有一个牙缝，那里经常藏着些"淘气包"，有时候它们还要在我的牙齿缝儿里过夜。哼，到了早晨，它们就无处可逃了。我的牙刷的刷毛很细，可以穿过那个牙缝，不过刷牙的时候我得把嘴巴咧大一点，哈哈！不过我好担心，这个牙缝会不会越来越大……战无不胜的一天开始啦！

带上你最中意的小伙伴，一起出发

一支特别好用的签名笔

写字和说话不同，我们说的话不得不经过大脑，而我们写的字却可以直接出自内心。你的笔尖和你的心跳会始终紧密相随。

一支特别好用的笔，能让你的心自由地流淌。

一支铅笔

　　用铅笔写字是一种很特别的感受——明明可以随时把字擦掉，人却变得更加小心翼翼。沙沙的声音把人带回纯真的童年。当你写得特别用力时，笔尖就断了，而那个地方一定藏着你的秘密。

笔记本

　　不同的本子，适合不同的人。将小本子放在随身的包包里、口袋里，并且总是记录只言片语的人，往往心思细密又敏感。大本子特别适合准备大干一场的人。有个学员说："我每天要求自己跑满一整页纸，不管写什么！"活页纸的笔记本非常适合在工作间歇时书写，方便我们回家后整理成册。还有各种你喜欢的便利贴，这简直是生产名言佳句的秘密武器。

手机

　　随身的手机因为拥有众多工具而成为很多人的首选。通过手机我们可以参与打卡，可以使用录音转化功能，可以开启备忘录，等等。不过也有一些人说，使用手机终归是远离了书写的原始感。我在这一点上保持开放的态度。技术是中性的，书写的感觉如何取决于使用这个技术工具的人。这是你自己的书写练习，由着你自己的心情就好。

电脑

对很多现代人来说，电脑就是"笔记本"，手指就是笔。电脑最大的好处就是使用方便、存储量巨大。我的笔记本电脑的键盘上的好多字母已经被磨光了，我还是舍不得换掉它。有一天，我甚至在键盘灯的亮光下，清晰地看见了按键里面的一个个零件。而此时在显示屏上，正上演着我的内心大戏。

你的书写工具都会成为你最忠诚的伙伴、最亲密的知己。

第 2 章

终身成长的陷阱

仿佛一夜之间，每个人都在追求终身成长，但却很少有人能说清楚，到底什么是成长，如何成长，为什么要成长。

我对这个问题的反思，是从一条朋友圈开始的。

"伙伴们，我刚刚做完剖宫产手术，在第一时间到训练营准时打卡！终身成长，成为更好的自己！"此处这行文字的配图不是产房，不是自拍，也不是母婴合照，而是一个完成演讲训练营的今日作业的打卡截图。

"剖宫产手术""打卡""更好的自己"……一时间我真的无法把这几件事联系在一起。

我也是妈妈，也经历过这样的时刻。我还清晰地记得剖宫产手术结束后我被抬回病房时的疲惫不堪的状态、如释重负的心情。那时候，刚刚只见了一面的"小幼崽"还在护士站里被"翻来

覆去"地清洗、打针、称重……我心心念念的是，什么时候
她才能被抱进来？我在想我要先数一遍她的手指头、脚指头
是不是数目正合适。我在想如果没有母乳怎么办，背在身上
的麻药泵要是没了麻药夜里伤口会不会很痛，输尿管这个东
西真是让人尴尬……

在这样的时候，在第一时间准时完成"打卡"就能成为
更好的自己吗？

难道成为母亲，不正是我们此刻最值得欢呼的成长吗？

成长，还是"假装"努力

我想对于以下的一些情形，大家并不陌生。

随着网上的知识付费产品越来越多，有的人买了很多课，
但其实根本来不及听，下单的那一刻仿佛就代表着他们已经
学习过了。如果遇到好的资料，他们会收集、下载，好像资
料在电脑里留着，就代表着这些内容自己已经拥有了。买了、
收藏了、下载了……完成了这些之后，自己总要安心些——
这代表着，"我努力过了"。

看到朋友圈里流行锻炼，有的人也抽出时间去了一趟健
身房。服装一定要穿专业的，装备也是经过专门研究后选出
来的。为了凑够朋友圈的九宫格，有的人前前后后要选择好

几个场地，精心设计不同的姿势和角度。发完朋友圈，看到点赞数一个个增加，一种欣慰的感觉产生了，随之而来的还有一种错觉，我真的努力过了。

我认识一位挺优秀的女生，她本科毕业以后顺利保研，研究生毕业以后又读了博士。博士毕业后，她拒绝了一家单位的邀请，又去申请博士后。在博士后的科研工作即将结束的时候，她开始抑郁。她因为不能适应人际关系而想拒绝正式工作。她很努力地读书，原来是为了努力地逃避工作。

还有很多人热衷于加入学习团体、励志团体……其目的是在人群里找到归属感和存在感，在群体里体会努力成长的感觉。然而，他们的现实生活却并没有因此而发生什么改变，甚至经济状况、家庭关系变得越来越糟。

这些感动自己的努力，真的让我们成长了吗？

我们为何要追求、迷恋，甚至沉迷于这些形式上的成长呢？

"安全行为"会让你失去更多的可能性

离开危险，保护自己，是人类的本能。当你走在光线昏暗的街道上，感觉不安全时，你就会本能地加快脚步，想赶快离开这个区域，走到有光的地方。这个本能的"加快脚步"

的行动在心理学上被称为"安全行为"。在当今时代，未来的不可预测性或不明朗的生存状况，对人来说也是一种"危险"。当我们面对这些时，我们就会产生非常忧虑的心理状态，这种心理状态会触发身体的反应，比如，心跳加速、呼吸变快、胃部紧张、烦躁不安。这时候，焦虑就发生了。我们本能地需要"加快脚步""离开危险区域"。于是，各种安全行为就出现了。

"假装努力"就是典型的安全行为。这些努力背后有一些共同点，那就是焦虑的心理状态——担心跟不上，担心不够好，而又"害怕"或不愿意去面对现实问题。于是，有些人就制造了这些"加快脚步"的"假装努力"来让自己安心。

安全行为有它的短暂的好处，它帮助你回避了令你焦虑的情境，可以迅速减轻你的焦虑体验，其效果有时候确实立竿见影。比如，在面对信息爆炸时，你认为自己储备的知识不够，你产生了焦虑，于是你买几个"大咖课"。在下单的那一瞬间你的焦虑就得到了缓解。然而"安全行为"很可能会带来新问题。你有时间听这些课吗？听完了这一堂课，你会不会又发现新的知识盲区呢？你会不会"越努力学习"越觉得自己的知识不够呢？你会发现，安全行为不但不能减少你对特定情境的恐惧，反而会强化并维持这种恐惧。比如，你因为不想面对复杂的人际关系，而把自己留在了象牙塔里。在读书的那几年里，这的确大大减轻了焦虑，可是每逢毕业季到来，你就会再次陷入巨大的焦虑之中。你会发现你越是

"努力读书"，回避社交，你的社交恐惧越是如影随形。随着年龄的增加，同龄人的社交能力和资源积累得越来越多，此刻你将面临更大的社交劣势。你可能会因为缺乏经验而感到更焦虑。

安全行为的另一个问题就是它们使你无法搞清楚让你担心的结果是否一定会出现。在一部电视剧中，女主角田蕾曾被房东从出租房里赶出去。在一个经典镜头里，她一边哭泣一边跟朋友说："我当时就发誓，我一定要有自己的房子，谁也别想把我从自己的家里赶出去！"她说，"我交完首付之后，我兜里就剩下 384 块钱，所以我第一年没有买家具，所有的工资都用来还房贷，我家里只有一张床垫，我能吃泡面就吃泡面……"这一段故事令很多人产生了共鸣。但田蕾在那一刻所做的，恰恰就是一种安全行为。

这种安全行为比"逃避"更具有迷惑性。因为它被我们赋予了"励志"的意义。房东一定都是这样不讲道理的吗？到底是租房的困难还是内心的不安全感让我们对搬家充满恐惧？最明智的选择是租房还是买房？如果我们决定买房那么我们是否选择了合适的时机？要追求好生活我们是不是一定要天天吃泡面？

当你真的静下心来，面对自己的内心时，你会发现，你终归是因为太想"加快脚步""逃离危险"，而失去了未来的多种多样的可能性。

失效的生存策略

安全行为的核心目的就是回避、消除、减轻焦虑。一开始，它可能是有用的。适度的使用也会带来一定的心理缓冲的效果。可是一旦安全行为掩盖了真实的问题，它就会带来一种问题已经解决了或我们正在努力地解决问题的假象，从而导致生存策略失效，我们会变得更加焦虑。

过度依附他人

过度依附他人是一种安全行为。一开始我们可能获得了帮助、得到了肯定，这让我们获得了力量。可是一旦依附成瘾，人们会不断地寻求支持和认可。如果凡事都要得到他人的保证和确认，那么这时候的安全行为就已经成了影响自我发展的障碍。

过度追求控制

追求完美、刻板、强迫等生存策略也都是安全行为使用过度的结果。比如，一开始我们可能会为了提升工作效率而列出工作清单，后来我们发展为所有事都要一一列明，甚至每分钟该怎么做都要落实，这就产生了过度控制。再比如，工作中的反复检查、购物时千方百计地各方比价、生病时在网上查阅各种医疗信息、坚持把所有细节都做到极致……

事事亲力亲为

有的人事事亲力亲为，不敢把事情托付给他人。在家，有的人对家务大包大揽，还坚持要求所有的家务都得按照自己的方式做。在单位，管理者不敢把工作授权给下属完成，即使将工作指派给了别人也要不断"监督"，信不过别人；甚至越俎代庖地把自己不放心的事都亲自干了。这样的结果是严重破坏关系中的平衡，形成关系中的焦虑。

回避和拖延

拒绝面对现实、逃避现实是通过不行动来保证安全的生存策略，例如，为了不工作一直读书，为了不走上社会而"啃老"。在"佛系"等说法的"掩护"下，人们不去面对真实的困境。拖延是最常见的回避，是内心的"做"与"不做"之间的冲突。人有时候甚至会无意识地把事情往后拖，迟迟不采取行动，直到最后，时间所剩不多了，无路可逃了，再"背水一战"。这对自我力量是非常大的消耗。

不完全投入

不完全投入的表现有：在关系里不完全投入，很难真正地投入恋爱；在家庭中，以忙为借口不愿意分担家务、承担责任；在工作中不能完全投入，常常认为这个工作不够有趣，或者认为这个岗位不能发挥我的能力，很可能因为一些小挫折频繁地跳槽；对生活也缺乏热情。这样的人既没有勇气全力以赴面对"苟且"，也没有勇气真正努力地奔向"诗和远方"。

冲动行事

与不投入和拖延相反的另一个极端就是冲动。例如，因为焦虑和不安而在网络上发泄；在遇到困难时，不负责任地放下工作来一场"说走就走的旅行"；"闪婚"或"闪离"；有时候甚至依靠抛骰子做出重大的决定。学生中，因冲突而引发的自我伤害的行为越来越多，成年人中，冲突和暴力愈演愈烈，这些都是失效的生存策略。

现实的或想象的"危险"的刺激，让我们本能地产生了"加快脚步"或"停滞不前"的安全行为。这些行为导致我们的生存策略的失效。因为这些"努力"其实都回避了我们内心真正的脆弱。长此以往，这些"努力"不仅不能使自己强大，还可能对自己造成巨大的伤害。

成长是一条自主之路：努力不是被动的选择

清华大学积极心理学研究中心副主任赵昱鲲在接受《三联生活周刊》的采访时说："很多努力的背后，其实都是焦虑……努力是否真正有效，要看你是否失去了自己，要看你的努力是自主的，还是他主的。"

什么是自主？努力是我自己想要的。

"这个是我自己想要的"，不是孩子气的"任性"和"异想天开"，而是我以一个成熟的人的姿态，经过自我内在的妥协和整合后，为自己做出的负责任的决定。

同时，这个"想要的"，是由正面情绪驱动的：我因为工作和学习有趣所以投入，我想要为了自己的理想努力奋斗考一所好学校。我愿意选择一种生活方式，这让我感觉自己活得充实而有意义。我做好了准备迎接困难，但我并不会失去自己。

什么是他主？努力不是自己想要的。

他主是指人被外界所操控，被压力和焦虑所驱使。"安全行为"看似是自主的，甚至在一开始也不失为一种应对问题的方法，然而它在掩盖你内心的恐惧的同时，也日渐淹没了你的真实愿望，变成了让你无力自拔的"不由自主"。

如果负面情绪成了主要驱动力，那么其表现就是认为工作好、学习好是最起码的要求，要求自己一定要做到最完美，一旦做不到完美，人就充满了焦虑和自责。别人都在努力，你不努力就输了！那些最迷惑人心的"励志外衣"下隐藏着挥之不去的"空虚"。

　　只有自主的努力，才会带来真正的成长。自主要求你在外界的刺激和你的行动之间，建立一个反思的过程，让行动笼罩在你笃定的、带有觉察的理性光辉之中。

　　成长不是被不安驱赶着奔跑，成长是一条迎向未来的自主之路。

成长不是自我感动

　　爱因斯坦说："不是所有能被测量的东西都重要，也不是所有重要的东西都能被测量。"

　　成长，很多时候是不能被测量的。

　　有人说："假如你有机会回到 20 岁，并拥有那时候的样貌、体力，以及更多的时间，但是同时，你的心智状态也会回到 20 岁，你愿意回去吗？"很多 40 多岁的成年人都说："我不要回去。因为当下我已经拥有了非常好的状态。"这不是说他们已经拥有了多少财富、多高的地位，而是说他们有一种成熟稳定的内心状态。他们能从容地选择、平静地面对，在琐碎的生活中找到自己的快乐。而回到过去虽然能让人重回年轻，但恐怕也会让人重新经历很多的挣扎和迷惘。成长，归根结底就是获得这样一种让自己不断感觉"充实"、感觉"值得"，感觉"有意义"的内在状态。我们对自己的感觉越来越好，我们的内心就越来越强大，我们就越来越能从生活中、从他人那里感受到友善和爱意。这样的成长是无法被测量和量化的。

当然，成长也可能意味着获得了某一项技能，拥有了某种系统的知识体系。这些是可以被测量的，比如，对自己锻炼身体的时间和强度的测量、针对某项知识技能的考试。可是，当这些指标看起来更好了，你的内在是否获得了同步提升的满足感和充实感呢？一个人要获得真正的成长，必须经历内在的参与。即使是外在的可测量的成长，也必须经由内在的不可测量的反思、整合、升华、内化，才能变成自己的感觉。这些可以测量的东西，必须被转化为你的内在力量感的一部分，这样，一个人才可以称得上是真正成长了。

痛苦的经历并不一定能带来成长，痛苦只是成长的序曲。同样，焦虑驱动的自我感动式的努力，即使再艰难、再完美，也不一定能带来成长。你只有在痛苦和艰难中不断反思、不断调整、克服困难、战胜恐惧，并获得自我的蜕变，才能成长。所以成长不仅仅是置办了一个漂亮的书架，坚持听完了多少分钟的课，每日努力去打卡，而是真的把书都读到你的"肚子"里，把书变成你的气质和谈吐，变成能够陪伴你度过余生的力量和信仰。

谁在说，你不能停

　　有人可能会问，如果成长是不可测量的，我怎样才能知道自己到底是在成长，还是在"假装努力"？其实成长，没有标准答案。只要你肯勇敢而真诚地面对自己，每个人的心，都能指引成长的路。

　　你要学习倾听自己内心的真实声音。

　　当你真正走在成长的路上的时候，你的心里会时常出现富足而美好的声音。

　　"生命很美好，今天又是美好的一天。"
　　"我拥有的一切都已经很好了，明天还会有很多的机遇和惊喜。"
　　"一切都会越来越好，我对生活充满期待。"
　　"所有的挑战都能帮助我成长，我会变得越来越强大。"

　　当你不断使用安全行为时，即使你看上去很"努力"，但是一旦你停下来，很多诉说着空虚与匮乏的声音就会出现。

　　"我不够好，我没资格，生活是没意义的！"
　　"如果我不这样做，我就一定会被抛弃，我会输、会失败！"
　　"我还想要更多，为什么我没有？"
　　"凭什么这样对我，这个世界就是不公平！"

"必须这样做！必须完成！你不能停！"

这些真实的声音，只有在你独自停下脚步，安静下来，真正和自己在一起的时候，才会——浮现。

愿你顺着这指引，走上属于自己的成长之路。

自主书写刻意练习：基本功，自由书写

（用手机微信扫描二维码，即可边听边做）

20 世纪 80 年代，以书写帮助自己的内心成长在西方流行开来。那个时候的西方刚刚经历了互联网的高速发展、现代女权主义的兴起、经济发展的滞胀……后现代思潮日益流行。人们疲惫的心灵经由写作这样的形式获得了慰藉和自我救赎。

得克萨斯州大学奥斯汀分校心理系主任詹姆斯·彭尼贝克和他的研究生在一项有关心理创伤治疗的研究中使用并总结了一套有关"表达性书写"的方法；宾夕法尼亚州立大学行为健康学教授约书亚·史密斯博士通过大量的实验研究大大拓展了这一技术领域，把书写发展成一种处理情绪、改善创伤经历、自我疗愈的心理治疗方法。

娜塔莉·戈德堡是诗人、画家、作家、书写教练。1986 年她出版了代表作《写出我心》，并开办了"真正的秘密"写作营，30 余年来，她的学生已遍布世界各地。娜塔莉·戈德堡主张把

书写作为修行，倡导一种自由书写的形式。"写作造就了你胸中之自信，让你的精神觉醒。"

这样的"表达性书写"和"自由书写"的目标都不是创作文学作品或者商业文章，而是指向内在的自我成长和自我疗愈。

我在本书中给大家推荐的"自主书写刻意练习"，是定位于普通人的自助式自我成长的刻意练习。它使用了大量心理治疗方法，包括"表达性书写""写作治疗""叙事治疗"等心理治疗方法，同时把治疗方法进行了教练式、家庭作业式的转化，期待学习者能经由自助式的刻意练习完成自我成长。我希望每一个学习者都能将自由书写的核心精神作为刻意练习的基础，打通自己与自己的内心之间的对话，从而开启自我探索和成长之路。

自主书写不同于在社交媒体上的自我表达

2013年有研究人员在密歇根大学做了一项有关社交媒体使用的有趣研究，他们发现人们在两周内使用 Facebook 的时间越长，他们的生活满意度就降低得越多。当然这并不是说使用 Facebook 一定会让你痛苦，而是说并非所有在线社交互动都是有益的。因为在社交媒体上的自我表达，毕竟是"向外求"。这些表达的底层的、隐蔽的需要就是，它需要外界给予你"反应"。这其实并不利于你真正地回归内心。

自主书写也不同于"写日记"

写日记，是一种自发的抒发内心的形式，是一种非常重要的自我陪伴。但日记并没有特别的标准。自主书写则有其刻意练习的方法和对书写的"纪律要求"。它比日记更加科学，你可以将它理解为一种有技术含量的"心理学日记"，其目标是促进心智发育的整合。

自主书写的基本功：自由书写技术

精神分析中有一个名词：自由联想。这是弗洛伊德提出的一个经典心理治疗方法。简单来说，自由联想就是让"病人"在治疗中尽可能地放松，针对一个主题依次报告出现在脑海中的任何一个词语、画面，期间不要进行任何评判和思考。自由联想的最终目的是把"病人"压抑在潜意识内的一些情结、矛盾或冲突释放出来并带到意识领域，使"病人"对此有所领悟和发现。自由书写，亦是如此。

自由书写，让文字从心流淌

◇ 写字的仪式感

要一下子从传统的书写范式进入自由书写的状态并不容易。因为这是一个人从意识频道转到无意识频道的过程。你需要将自己归零，让身体全然地放松，与自己的内心联结。为自己创造一些写字的仪式感，可以帮助自己更好地进入放松的状态。你可以选择特定的位置，布置特别有意义的摆设，播放静心的音乐……在刚开始练习的时候，一切可以让你进入安静状态的措施都是有帮助的。你可以先闭上眼睛，做几个深呼吸。

◇　**为你的书写设置时间**

要保持"自由书写"的状态，并有效地觉察、控制自己进入这样的状态并不轻松。所以，你可以从 5 分钟、10 分钟开始。请注意，时间不要太短，否则你很可能无法真正进入状态。时间也不要太长，如果时间超过 20 分钟，那么你很可能由于专注力的下降，被纷繁的念头打扰，再一次陷入经由思考输出的意识化的书写之中。

◇　**信任自己，不要停**

你要一直不停地写，手不能停。

不要怕写错别字，或者担心标点符号、语法的错误。不要停下来重读或思考自己所写的，因为这会使你一下子又回到"理性"的状态。即使你写出来的似乎并不是你原本打算写的东西，或者很多话很可能"吓了自己一跳"，你都不要停。要相信自己并没有"疯掉"或"坏掉"。如果你觉得自己写不下去了，你就可以写"我觉得我写不下去了""天啊，我这个想法简直太可怕了"……总之，你要写下去。

◆ **如实地报告，别思考**

自由书写的技术只是一个与内在的"无意识"过程相联系的过程，很多时候你书写的是大量无意识的"碎片"，在后面我会给大家介绍各种自我整合方法。所以，别担心你的想法是否合乎逻辑，也不必在这个时候去思考这些想法的对错和意义。过去，太多的思考使我们自己的内心一层层地被覆盖了，以至于我们都无法听到自己最真实的声音。而自由书写就是要去掉这一层层的理性的"面具"，把内在的压抑释放出来。无论你的真实想法是什么，不要随意给自己贴标签，不要对自己动用暴力。对自己诚实和仁慈，是爱自己的起点。

如果你在一开始觉得有一些困难，总是无从下笔，你可以尝试用这样的方式开始："此时此刻，我看到……"

你可以睁开眼睛，随意地环顾，任由目光落在任何一个地方——可能是一扇窗，或者是一只维尼熊玩偶，或者是留着咖啡印的水杯……

接下来你就可以写下，此时此刻，我看到我的手边放着我的水杯，它是一个有着大大开口的陶瓷杯……

你还可以使用"此时此刻，我的身边有……""此时此刻，我坐在……""此时此刻，我想起……"的句式。

试着从这里开始。

If you are depressed, you are living in the past.

If you are anxious, you are living in the future.

If you are at peace, you are living in the present.

如果你经常郁郁寡欢，你正活在过去，

如果你经常紧张焦急，你正活在未来，

如果你总是泰然处之，你正活在当下。

焦 虑中的人们越是无所适从，想要成为自己的声音就越响亮。

新精英，是中国较专业的职业生涯教育机构之一，其举办的年度盛会"做自己"论坛，已经成功举办了 10 期，成了岁末年初被千万青年人青睐的"个人成长公开课"。然而，当论坛开到第 7 期的时候，新精英的创办者古典老师却在演讲中说："我很怕听到年轻人说要做自己。"他要与大家聊聊到底什么是做自己。

古典老师总结了最近的十几年我们对做自己的认识的"进化"。

第一个时期大约从 2005 年开始。2005 年，职场励志类图书开始流行，从李开复老师的《做最好的自己》到《杜拉拉升职记》，再到《输赢》《我的成功可以复制》……当你去拆解这些书的时候，你会发现这些书传递的价值观是"做自己 =

成功"。

在第二个时期，我们开始探讨不一样的自己，各种有关天赋、特质、性格的测试开始流行。我们使用科学的工具给自己寻找心仪的标签。

在第三个时期，我们又开始刻意去追求与众不同。古典老师说，此时的青年人就像"逆反的孩子"，如果谁说你不好，你就说："我这是在做自己。"有时候明明是自己做不到，但你却说："不是我做不到，是我不想要，我在做自己。"做自己成了我们的"壳"。

直到第四个时期，我们才开始去思考，什么是真正的"自我"……

看向"自我"，做自己的起点

自我是一个人称代词，指自己。它也是个心理学名词，不同的心理治疗流派都从不同角度对自我做出了诠释。其实人们无外乎都想探讨"我是谁"的问题。

我们可以从"我感觉我是谁""我认为我是谁""我和他人的区别是什么"和"我如何成长发展"这四个角度来理解"我是谁"。"我感觉我是谁"是自我感觉；"我认为我是谁"是自我认识；"我和他人的区别是什么"是自我界限；"我如何成长发展"是自我同一性。

无论你处于"做自己"的哪一个阶段，真正做自己都是从完整而丰富的自我感觉开始的。稳固的自我感觉是对抗焦虑的免疫力。

自我感觉，顾名思义，就是自己对自己的感觉，是偏向情感和直觉的部分，是对自己的体验和愿望，比如，我喜欢什么？我讨厌什么？我做什么的时候感觉更快乐？我会极力地回避什么？什么样的发型、什么样的衣服会让我感觉更舒适？我更喜欢和谁在一起？什么工作更能让我感觉胜任？

自我认识，是自己对自己的判断和评价，是偏向理性的部分，比如，你认为自己有什么优缺点？你如何评估自己的兴趣和价值观？对于关系，你的底线是什么？你如何评价你的着装风格？你信任一个人的标准是什么？你对自己的能力如何评估？

自我感觉和自我认识共同构成了自我意识。自我意识需要经过现实验证，需要在与外界的不断互动中得到调试，以避免产生感觉和认识之间的偏差，比如，你眼中的自己的优点、缺点与别人对你的认识一样吗？你对自己的能力的评估与单位 HR 的评估结果一致吗？你有没有一些你认为自己不能胜任而实际上却完成得很好的事？你是否有过原本认为自己能顺利完成某件事情，但在完成的过程中却遭遇了巨大的挫折的经历？

如果我们的自我感觉比较凝聚、自我认识比较清晰，那么自我边界就形成了。接近什么样的人让我感觉良好？根据我的价值观，我认同什么人？这一系列感知和认识的组合构成了我的人际边界。我可以接受什么程度的加班？加班超过了哪一个程度会导致我的身体透支？面对什么程度的加班我会拒绝，同时我在理性上认同我的拒绝行动并能自己承担结果？这些感觉和认识构成了我们的工作边界。

当我们在方方面面形成了清晰并有弹性的心理边界以后，我们就会以一个独立的状态试着把自己放置在一个更大的社会空间里，去拥有自己的角色和身份，同时不断成长、发展。在发展的过程中，我们会不断巩固、协调、改善、充实自己的角色和身份。这就是自我同一性的发展。我们尝试着把与自己有关的各个方面结合起来，形成一个协调一致的、独具风格的自我。

成熟的自我是焦虑的稳定器。

碎片化时代的自我破碎感

做自己的呼声为何如此流行？因为在过去，"我是谁"和"我能成为谁"这类事，并没有太多的可能性。互联网的迅猛发展，带来了信息和认知的巨大变革。碎片化的媒体传播形式，使我们的感知、生活状态，甚至精神世界都渐渐地进入一种碎片化的状态。

在浏览媒体资讯的时候，你是否感觉自己很容易被强烈的情绪所吸引？

对于某一个话题，众说纷纭，作为"吃瓜群众"，你是否已经麻木了？

面对众多的信息和选择，你是否感到无所适从？

你是否花了大量时间去比对信息，却发现自己很难做出决定？

容易从众、容易无感、容易卷入巨大的愤怒和焦虑、容易无所适从……这都是自我感觉被稀释的表现。你作为一个独立个体的存在感在丧失。你的内心力量很容易被影响。

微博的兴起可以说是媒体"碎片化"的开始。它把随时随地进行碎片化的记录和分享作为一种新鲜的形式带入了大众之中。朋友圈、公众号、小视频……我们很快习惯了阅读和浏览体验中的"短""小""碎"。在第三届《人民日报》读者评报活动中，84 987 名读者参与了调查，结果显示，近四成（38.35%）的人习惯"先看标题，如果感兴趣就往下看"，另有 32.99% 的人会"挑喜欢的版面或栏目看"，"从头到尾仔细看"的人占比不到 15%。我们每天花很长时间上网浏览，看似在一刻不停地接受信息，但实际上，最后在脑子里留下来的都是些零碎的印象。

为了在大量破碎的信息中迅速地吸引人们的注意力，媒体将触发强烈的情绪当作了核心技巧。媒体为了吸引注意，倾向于做片面而"引人入胜"的描述。最吸引眼球的热点往往是最能调动群体情绪的地方，比如，焦虑、恐惧、愤怒……人们迅速汇聚成乌合之众，又如潮水般退去，不留痕迹。热搜每日刷新着最劲爆的热点，我们知道的是最新也最破碎的信息。有深度且需要静心思考的内容，变得越来越小众。

如果接收的信息是碎片化的、杂乱无章的，那么自我感觉便也是凌乱的、飘忽不定的。媒体对个体感觉的强烈刺激也是对个体感觉的巨大稀释。就如所有感官刺激和成瘾行为一样，刺激过后是巨大的空虚。我们的自我"感觉"越来越无法凝聚。感觉的散乱也必然带来焦虑和自我力量的缺损。

不要让自媒体影响对自我的判断

自我认知的形成，受到先天因素的影响，如生理因素、性别等；也受到后天因素的影响，如家庭、学校、社会。在自我认知的发展过程中，个人要与社会发生互动，获得他人的评价、反馈，以及自我的觉察。外界的信息会对自我认知产生不容忽视的影响。

在社会发展平稳、权威意见占据主流、价值标准比较统

一、不太追求个性化的年代，自我认知的形成过程也比较单一和明确。清晰而稳定的自我认知非常抗焦虑。

自媒体登上历史舞台后，主流媒体的影响力受到了前所未有的挑战。"权威意见""专家意见"已不再是认知标准和行动指南，每个人都想发出自己的"声音"。这对独立思考和判断力形成了巨大的挑战，同时也不利于稳定的自我认知的产生。盲目追求主流的成功、盲目逆反、盲目崇拜和盲目的与众不同，都是自我认知的迷失，所以也就有了大家都迫不及待地给自己贴"标签"现象，标签可以让我们暂时拥有自我的确定感，从而暂时远离焦虑。

你对自己的生活状态满意吗？

面对快速发展，你对自己的知识结构、技能水平的评价准确吗？

面对多元价值观，你判断好坏、对错的标准是否坚定？

你对自我行动及处事的原则有清晰的坚持吗？

面对激烈的竞争和"内卷化"，你对自己认为合适的行动节奏可以坚持吗？

当我们变得没有"把握"、丧失"标准"，甚至面临多重标准的冲突时，我们就会面临自我认知的混乱。此时外界的每一点刺激，都会带来巨大的焦虑感。

在群体中坚定自我界限

巴菲特有个飞机驾驶员，他叫弗林。他为巴菲特开了十多年飞机。有一次，他问巴菲特："怎样才能像你一样获得成功呢？"巴菲特说："第一步，你要圈出 25 件你特别想要的东西。如果你想不明白，你可以在有趣和有用两个维度上做一个评分。第二步，圈出 5 个你认为最重要的东西。"然后怎么办？先做这 5 个，再去做那 20 个吗？完全错了。巴菲特说："接下来，你这一辈子要像躲避瘟疫一样躲避另外那 20 个目标。因为人这一辈子能做好 5 件事，已经非常非常难了。"

拥有这 5 个，拒绝那 20 个，这就是你的自我边界。

科技和新媒体方式的流行，不仅让世界变得碎片化，也助长了人的欲望的无限制扩张，并且逐渐消融着个体之间的界限。微信的出现，让随时随地沟通成为可能。随之而来的是工作和生活的界限消失。24 小时随时随地地工作，也意味着工作和生活的混乱。大数据成了流行工具，个人信息、出行轨迹、消费痕迹等都成了公开的秘密，科技在无休止地侵入私人的空间。我们看似有了越来越多的选择，但似乎又变得无从选择。

当我们的个体独立性受到威胁的时候，我们迫不及待地想放弃边界、追求归属感，以获得一种感觉上的稳定。加入一群人，融入一个群体，就好比拥有了一个集体性的、融合的自我感觉，使个体和其他的群体或个人产生了界限感。这种"群体自我"满足了人的存在感和确定感，形成了一个"虚假"的自我感觉。对群体的过分依赖和"热衷"背后隐藏着你的巨大的焦虑。

很有讽刺意味的是，在最强调"做自己"的时代失去自己的可能性也极大地增加了。

从"Be Myself"到"Make Myself"

自我感觉稀释和自我认识混乱使个体很难形成稳定的自我边界。如果自我边界不完善，你就不会拥有清晰的角色和身份定位，这就会带来自我同一性的涣散。迷茫、空虚、无意义……这些都是最常伴随着焦虑体验出现的复杂感受。

这种感受就好像是出现在网络段子里的调侃："我是谁？""我在哪儿？"

网络平台对于"参与"和"表达"的开放使"匿名"的风险大大增加。这种身份"隐匿"的状况虽然解除了某些表达的束缚，也必然带来"身份丧失"的副作用。身份丧失会助长宣泄式的、暴力的表达，以及越界的言行，使自我变得涣散。身份丧失也会让发言者失去责任感，进而对自己和他人的精神世界造成危害。

有一阵子"斜杠青年"特别流行，它是指一个人在众多领域都有出色的表现，因而拥有多重的身份标签。多重的身份，必然需要多重的努力。每一个身份需要的技能的积累都有一个长期的过程，它需要个体持续不断地、方向一致地持续努力。要把多个身份需要的内在世界的自我感觉、相关认知和外部的技能等方面都整合为完整的整体，并非易事。多元化本身，也是自我同一性碎片化的一个催化剂。如果人的精神世界变得断裂、不连续，人就会身心涣散、失去归途。

自我感觉是"Be Myself"，而自我同一性是"Make Myself"。

在碎片化的时代，挑战重重。

积沙成塔，凝聚自我

有个词叫"积沙成塔"。而一盘散沙，是永远无法累积成塔的。与此类似，破碎的自我感觉、自我认知永远无法凝聚成独具风格的"自我同一性"。

自我这栋万丈高楼需要我们一砖一瓦地搭建，需要钢筋混凝土来黏合。而这一砖一瓦就是不断凝聚的"自我感觉"。"自我感觉"是自我发展的基础，也是自我认知的材料，更是自我边界里的自我力量。很多人觉得自我力量不够、没有存在感、没有定力……人们深受焦虑的困扰，又充满各种狂躁的想法。这样的状态就如精神世界的"浮华"，不过是一捧散沙。

凝聚存在感

存在感是自我感觉中的"有自己""属于自己"的感觉，它们让我们即使没有他人的肯定，也可以感觉自己是独一无二的存在。一个人之所以没有存在感往往是因为他从来没有被当作一个独立的个体，从来没有被允许拥有属于自己的独立感受，而不断需要经由外界的评价、反馈来确认自己的存在。存在感是需要在孤独中完成的一项自我训练。

你可以选择你最喜欢的、最有感觉的、最擅长做的一件事，坚持独立做，以提升存在感。这可以是做手工，可以是写毛笔字，也可以是上传你的读书录音。这件事除了要满足自己喜欢并擅长这两个条件以外，还要满足以下两个小条件。第一，不必太难，能实现一个可视化的结果。例如，叠千纸鹤，折一个千纸鹤很快；写字，写满一页纸也可以很快完成；上传读书的录音，可以每次读 10 分钟并制作一个录音文件。第二，要能够坚持足够长的一段时间。这意味着可以形成一个累积的可视化的成果。例如，100 天后，折好的纸鹤就有一大罐了，毛笔字也写了一大本，读完的书也很厚了，录音文件也可以排起长队了。这样的练习，可以帮助你在完成这件事的过程中，不断地凝聚自我感觉，并让自己看到可视化的成果，这个成果就是对你的肯定。随着自我肯定的增加，自我存在感也就悄然形成了。

凝聚控制感

自我力量在很大程度上来源于自我感觉中的控制感。当我们不断地把期待和要求放在别人身上的时候，我们其实是没有力量的。所以，我们要学会收回放在他人身上的注意力，回到自我控制上来，以增加自我控制感。

最简单的方法就是从自己的衣食住行着手。你可以挑选一件日常生活中的小事，例如，做饭、整理房间、清衣橱、学开车等。这件小事最好是你一直想提升，但提升起来又有一点点困难的事，例如，整理房间。你也许不太擅长做家务，但又希望能驾驭这个部分，那么你就可以从这里开始，给自己制订一个目标，或者采用每次进步一点点、持续改进的方式。在持续 2 周或 30 天后，你需要记录下结果的变化和自己状态的变化。你可以通过驾驭这件事来感受自我控制感的增强。你要注意任务的设置——不要过大，也不要过小。难度过大会让人因为压力而动力不足，或者出现虎头蛇尾、坚持不下去的情况，反而造成挫败感。难度过小又无法让人产生挑战成功、控制力增强的感觉。这件事的难度要控制在需要自己付出努力又可以实现的那个程度上。

凝聚确定感

确定感是自我感觉中最容易带来焦虑的因素。很多时候确定感不足是因为我们看不到自己的力量，不够自信，不能够发现和欣赏自己的长处，在这种情况下，我们即使做了很多事，依旧感觉自己无力、没用、没那么好。所以我们需要在现实中不断地通过标记、肯定来让自己看到自我力量，以增加确定感。

清单法，是一个简单易行的、可用于自我确定的方法。准备一份清单，每日记录下三件以上自己完成的最有成果的事。即便你感觉不到自己做了有成果的事，你也要挑出自己还算满意的一些小事记录下来。总之，你至少要记满三件。你可以把这个清单放置在醒目的或随手可见的地方。像一个小松鼠攒粮食一样，你可以不断地把自己的成果放置到清单里。随着这个清单中的项目的增加，在 30 日、50 日、100 日之后，我们可以做一个小结，总结自己的成绩，给自己安排一些奖励。在这个过程里，你可以慢慢找到自我肯定的感觉。嗨，你真的很了不起！

凝聚三感、积沙成塔地塑造有力量的自我，可以让你远离碎片化带来的焦虑。

自主书写刻意练习：持续不断地"堆肥"

编剧课上，我听老师讲过一个编剧前辈的故事。这位编剧平时会把随手在纸上记下的生活观察记录、一些故事桥段搜集在一起，一张张地摞在自己家的阳台上。待到阳台上的稿纸堆了高高的几大摞以后，一个剧本就诞生了。这个积累文字的过程，在《写出我心》中被作者喻为"堆肥"。堆肥不仅仅是文字的积累，更是自我感觉的不断凝聚。

自主书写刻意练习的作用就是这样。虽然我们的目标并不是一个剧本、一部著作，但随着文字的积累，我们的自我感觉同样在逐渐凝聚，并变得越来越有力量。当你的手稿也有那么几摞的时候，当你的文件夹里的素材也可以列成一排排的时候，属于你的一些"成果"就要出现了。你的"堆肥"将开出属于自己的花朵，并结出果实。

在持续地书写，凝聚自我感觉的过程中，你可能会遇到的困难。

无法静心

从一个满脑子都是工作和家务的状态中跳出来进入书写的状态并不容易。你可能很难进入一个安静的状态。因此，在一开始的时候，给自己强制安排一个独立的时间段就变得很重要。你可以选择一个和自己平时的工作、生活完全不同的陌生场景，比

如，公司附近的安静的咖啡厅、离家不远的一家书店。一些安静
的纯音乐也可以帮助你隔离外界的干扰。不用太在意写了多少或
写了些什么。让自己进入那样的一种安静的状态，在一开始尤为
重要。等你的心能很容易地平静下来的时候，你就可以随时随地
地书写了。

容易被打扰

书写的时间不必太长，但这最好是一段不会被打断的时间。
所以你要尽量避免在书写期间处理工作，也要提防孩子们突然
"破门而入"，还要注意把你的手机调成静音，以免突然的来电打
断了思路。这些打扰会让你感觉很沮丧。所以，不妨就从一个你
能控制的最短的时长开始练习吧。也许你只需要不被打扰的 10
分钟。所以，夜深人静时或清晨，总是很好的选择。这个时候，
你和无意识的联结也最紧密。

开始胜过完美

我们很容易产生想把每一次书写都"写好"的倾向。其实自
主书写练习，并没有有关"好"的标准，而更看重书写的过程为
你带来的体验和收获。所以，你大可不必绞尽脑汁去规划写些什
么。开始拿起笔，才是最重要的。

如果你担心一时之间无话可说，你可以试试给自己先列一份
长长的清单，把可能的话题一一列举出来。这样，你就可以依心

情选择某一个，随时随地开始书写了。

最难忘的一件事、最喜欢的一个颜色、办公室里最有趣的一个人、最喜欢的一个地方、对我影响最大的一个人、一个早晨、我的外婆……这些都是可以选择的话题，也许你还可以翻翻小学生作文选，寻找启发。这样的开始也充满乐趣。

你可能会发生哪些变化呢？

书写的变化

如果你是用纸笔来进行书写的，你的字迹会发生怎样的变化？从零乱变整齐了，从稀松变紧密了，还是从东倒西歪变得挺拔、规范了？你从自己每天的书写页面的潦草程度和笔画的轻重缓急里，都可以看到自己的心情。你如果在电脑上书写则不太能看到这些变化，你可以留意前后的遣词造句，留心书写的字数和速度的变化，这都和你的自我力量有关。

内容的变化

如果你在书写一段时间后回望你书写的所有内容，你会看到自己的心理发展历程。比如，在某一段时间里，你是否经常书写某一类话题？对某一个具体的话题，你的理解在一段时间内是否发生了一些变化？在你书写的内容里，积极情绪更多还是消极情绪更多？你是如何处理的？你是否发现，经由书写，你塑造了一个全新的自己。

内心的变化

自主书写是为了我们内心的成长，而内心的成长一定会在现实生活中反映出来。你是否更爱笑了，睡眠质量提升了，身体的疼痛减少了，感觉自己更健康、更有力量了？你是不是感觉自己不那么急躁了，日常生活中的争吵减少了，与他人的关系更加坦诚、和谐了，更容易集中精力完成工作了，更关注生命的意义了？

希望你在书写中实现自我凝聚，收获更好的自己。

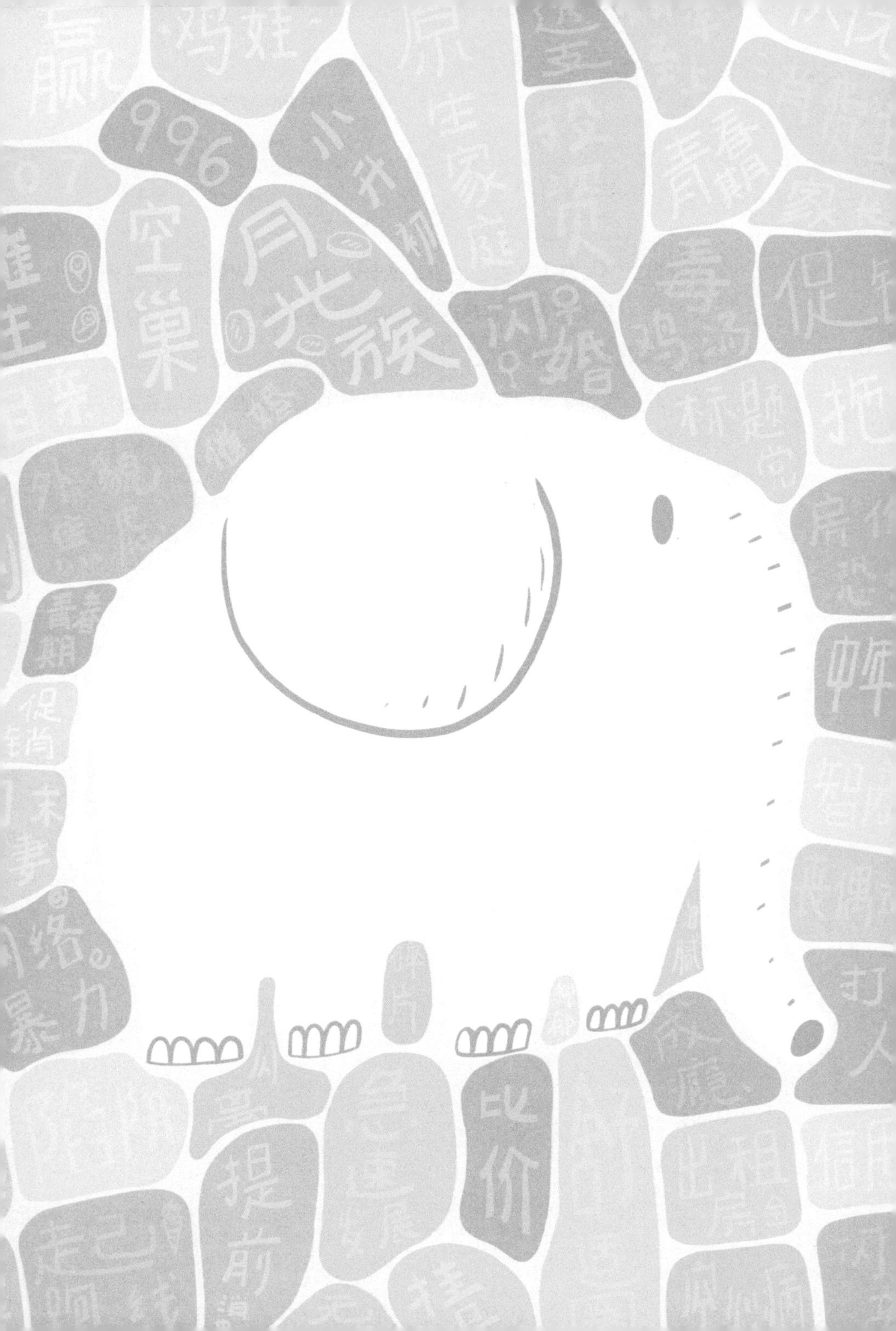

996
月光族
空巢
闪婚
毒鸡汤
标题党
比价
提前

第4章
驾驭欲望的志气

20世纪 60 年代，美国斯坦福大学心理学教授沃尔特·米歇尔设计了著名的"棉花糖"实验。研究人员找来了数十名儿童，让他们每个人单独待在一个只有一张桌子和一把椅子的小房间里，桌子上的托盘里有这些儿童爱吃的东西——棉花糖。研究人员告诉他们，他们可以马上吃掉棉花糖，也可以等研究人员回来后再吃。如果他们可以等到研究者回来再吃，那么他们还可以得到额外的棉花糖作为奖励。对这些小孩子来说，忍住不吃棉花糖的过程颇为难熬。有的孩子为了不去看那诱惑人的棉花糖而捂住眼睛或背转身体，有的孩子开始做一些小动作——踢桌子，拉自己的辫子，甚至用手去打棉花糖。结果，大多数的孩子坚持了不到 3 分钟就放弃了。一些孩子甚至直接把糖吃掉了。大约三分之一的孩子成功克制了自己对棉花糖的欲望，研究人员在 15 分钟后返回后，他们得到了奖励——额外的棉花糖。

这是一个经典的心理学实验，它研究了人的"延迟满足"能力。延迟满足，指一个人甘愿为更有价值的长远结果而放弃即时满足的行动取向，并在等待的过程中展现出自我控制能力。

消费主义的"棉花糖"

成年人的人生中有很多棉花糖，这些都是我们的欲望对象。成功、金钱、房子、迷人的脸蛋和身材……我们的时代太强调成功、太重视结果，在欲望的驱赶下，我们变得更加焦虑。

2020 年伊始，突如其来的疫情打破了很多人在经济上的"收支平衡"。年轻人中流行"月光族"——没有什么储蓄，工资刚刚够花。很多人用这个月的工资去还上个月的甚至上几个月的分期账单，如此循环，形成了一个表面上的"收支平衡"。疫情赤裸裸地打破了这种"衣食无忧"的假象。许多企业停产、裁员、降低工资，人们的收入瞬间缩水，而房租、账单却依旧需要按期支付。"收支平衡"轻而易举地被打破，欲望的"泡沫"也被击碎了。

其实，在疫情暴发以前，信用卡透支已经成了很多人的生活常态。民间信贷、商家的分期付款让"提前消费"轻松可得。"花明天的钱""花别人的钱"成为一种时尚。"尾款人"

们宁愿"吃土"，也要提前消费流行的电子产品、买下当季的名牌衣服。一波波的狂热促销、各种各样的新生的"消费节"不断释放着我们失控的"欲望"。

新儒家代表人物梁漱溟先生的散文中有这样一段话："这个时代的青年，能够把自己安排对了的很少。在这时代，有一个欺骗他，或耽误他，容易让他误会，或让他不留心的一件事，就是把欲望当志气。"梁先生形象地描述了处于欲望中的人，他说："越聪明的人，越容易有欲望，越不知应在哪个地方搁下那个心。心应该搁在当下。可是聪明的人，老是搁不在当下，老往远处跑，烦躁而不宁。所以没有志气的固不用说，就是自以为有志气的，往往不是有志气而是有欲望。"

梁先生所说的把欲望当志气的青年，恰恰也像极了现如今总是等不及的我们。

"等不及"的代价

我们总是等不及，但很少有人真正敬畏代价。

每个消费节的订单流水线上，无以计数的包装垃圾是我们的代价；违背常规、"急速发展"的互联网公司中，员工的健康是我们的代价；面对孩子，强调"不能输在起跑线"上，拔苗助长，厌学和空虚是我们的代价；疫情来了，面对无法支付的账单，信用的危机是我们的代价……

对于中国人精神障碍患病率，在 20 世纪 80 年代、90 年代和 2005 年分别有过抽样调查。20 世纪 80 年代、90 年代的调查结果的差异并不大——每 100 个中国人当中有 1 个人患有精神障碍。2005 年，这个数据变成了 17.5%。而在这个增加的精神障碍患病率中，精神分裂症的患病率基本没有什么变化，在 0.5% 左右。导致数据增加的是交流障碍——其患病率从 1.5% 增长到 13%；而抑郁和焦虑等心境障碍的情况更是愈演愈烈。

我们的心灵，也在为等不及付出代价。

我们就像一群追着、跑着，要马上吞下所有棉花糖的孩子，少了梁老先生所说的"心平气和，一步一个脚印的志气"。少了志气，内心必会散乱。这种志气，是"念头真切，一说一做""不懈怠""不散乱"地驾驭欲望的自我控制力。

"内卷"，奔赴目标的偏执

我有一个很好的姐妹，在国外工作了几年后回国了，之后被家人催着去相亲。她的个人条件很好，年轻漂亮，经济独立。据说，家人帮她安排了一个参加者全都是精英男士的相亲活动。活动期间，有好几个男士都对她很有好感，先后跟她聊了天，并留下她的联系方式。她好奇地问了下为什么她如此受欢迎，男士们说，因为她看上去很开心。她发现，这些男士有好的工作，收入不菲，学历高，但却并不快乐，也不太会聊天。她失望地说："我发现他们非常需要我去给他们提供情绪价值。他们自己根本没有幸福生活的能力。"

当然，并非所有精英都无趣。只是高学历、高成就、低情商的人的确大有人在。为什么呢？因为我们在学习的过程中，太多地看向目标。小时候，我们的目标是分班考试，大一点之后，我们的目标是中考、高考，读了研究生、博士之后，我们的目标是论文、科研任务。而在这个学习的过程里，我们忽略了爱好，忽略了伙伴关系，忽略了消化知识的过程带来的感悟和收获，变成了一个个刷题机器、记忆机器。==我们为了目标，失去了过程中最宝贵的体验和感受。==

时下的"内卷"，其实就是一个个体不断奔赴目标而使过程充满代价的社会现象。

"鸡娃"们陷入了教育的"内卷"——学习目标越来越高，越来越超前，英语等级考试越来越低龄化，奥数的学习越来越早，学习内容越来越多。学习的过程失去了本来的意义。

"996"让"打工人"进入职场的"内卷"。绩效的目标越来越高，下班的时间越来越晚，工作越来越多，身心问题越来越严重。

实时智能配送系统让快递小哥们进入计时的"内卷"。计时的目标越来越精准，送餐的速度越来越快。然而系统忽略了小哥在送餐过程中遇到的过街天桥、可能发生的交通事故、电动车的爆胎故障，还有突如其来的大雨……

骑手小哥们的生命安全受到威胁的事件，在全网引起热议。面对快递小哥的遭遇，大家情绪激烈，因为我们每个人都在他们的身上看到了自己，看到了那个身处一张巨大的无形之网中，不断地追求更高目标的被"内卷"的自己。

实时智能配送系统被喻为"超脑"，如果它的设计者不再把系统设置中的"配送时间"作为唯一的目标，而是开始关注"过程"，考虑到配送过程中的困难、意外、天气，甚至小哥的心情，那这才真正算是人类对科技的驾驭而非科技对人类的奴役。

痛苦是成长的材料

作为一名临床心理咨询师，我观察过很多有各种心理"症状"的来访者，他们的内心世界充满冲突和痛苦。同时，我在学习创作的过程中，也接触了很多优秀的艺术工作者，他们的内心也同样充满了冲突和张力。我不禁思考，为什么有些人的内在冲突造成了心理问题，而另一些人却用这些痛苦成功地创造了艺术作品？

　　我想我找到了答案。存在心理"症状"的来访者，一般会使用比较原始的防御机制，简单粗暴地处理内心散乱的欲望和冲突，比如，简单的发泄、否定、投射于他人、即时满足。这样的生存策略之所以造成了心理问题，是因为这样的方式，显然不能帮助个体很好地适应社会，甚至会使伤及他人的情况出现，更谈不上有什么美感和贡献。而人只能使用这样的方式的内在根源在于缺乏对痛苦的耐受力和驾驭力。

　　艺术是使用高级防御机制的结果，比如幽默、象征、升华。这是对痛苦的反思，是内心在翻江倒海中的漫长的整合，比如，在原生家庭中伤痕累累的脱口秀演员，不动声色地用那些伤心的往事让你在笑出声来之后又转身暗自落泪。一个艺术家，也会有欲望，也会有随之而来的愤怒、恐惧。然而，艺术家往往能通过把这些内心的力量转化为角色和故事，把痛苦和欢乐倾注于作品之中，同时在创造过程中，完成内心的整合。真正好的作品，是内心的欲望凝聚过后的升华，是把内心的狂乱和痛苦进行消化后的表达。

　　艺术如此，人生亦是如此。痛苦是成长的材料，忍受痛苦的过程，亦是对欲望的"延迟满足"，是"自我控制"的过程。在这个过程里，我们需要耐受大量的焦虑。焦虑并非一无是处，它可以激发生命潜能。然而对焦虑的驾驭却挑战重重。把痛苦转化为真善美，转化为利他和意义，意味着一次创造和人性的升华。如今，我们过度地释放了欲望，强调了欲望的即时满足。我们用科技代替劳动和生产，回避了应该承受的"痛苦"，也不再耐受焦虑和挫折。我们逐渐被欲望驱赶，失去了驾驭欲望的志气。

你释放了多少欲望，就会制造出多少焦虑。

效率至上，更要不忘初心

如果你看过卓别林的《摩登时代》，你一定熟悉泰勒的秒表式管理，福特的流水线是对这样的管理思想的应用，即全力以赴地缩短每一道工序的时间，福特借此缔造了一个庞大的汽车王国，这也代表着那个时代走上了"效率化"的道路。

当时，吉尔布雷思夫妇就是"效率主义"的仿效者和追随者。他们投入了虔诚的热忱，把整个生命都奉献给了效率运动。他们严格地执行了计划生育，生育了 12 个孩子（男女各 6 名）。孩子们是他们用效率技术带大的，他们用图表记录孩子们是否刷过牙，孩子们必须按照严格的流程先处理家务，然后才能出去玩耍，还有一个速记员随时记录各种经验。卓别林在《儿女一箩筐》这部轻喜剧电影里，嘲讽了这样的养育方式，在故事里，主人公在出差结束后回到家里时，也不忘拿秒表计算孩子们冲进自己怀抱的时间。

毫无疑问，我们也进入了这样一个效率至上的时代。

我们追求"干货""话术"，我们迷恋"工具""黑科技"，因为这些都能够帮助我们提升效率。我们乐此不疲，分秒必争。提高效率，意味着我们的可用时间多了，因而我们可以去经历一种更丰富的生命。

然而，<mark>追求效率的顽疾是它会让人忘记为何出发</mark>。

还记得卓别林的那场电影吗？当主人公用秒表计算着孩子们扑向自己怀抱的时间时，他一定忘记了去体会久别重逢的喜悦。

我们拥有了快速、便捷的物流，通过一键下单，生活用品、饭菜瞬间到家，但我们不能失去挑选蔬菜、亲自烹饪的手艺和心情。拍照搜题的软件，是帮助学生解决问题、提高做作业的效率的工具，学生们千万不能"拍"成了习惯，不能放弃自己的思考。有些"黑科技"告诉你，躺着也能瘦。即使真的有这样的方法，你也要坚持养成好的作息习惯、饮食习惯，不要本末倒置。

一路奔跑的同时，我们要时刻提醒自己，勿忘初心。

懂道理，还要过好这一生

我的女儿想做一个服装设计师，一日她问我："为什么我要学这些我不喜欢的课程，还要考试。我未来根本用不上这些东西，这对我有什么意义呢？"

不知道你会如何回答这个问题？

我想起了她学习游泳的往事，问她："当初，学习游泳让你记忆深刻。你很开心你最终学会了游泳，那在学游泳的过程中你获得了什么？"她说："在一开始，我觉得很枯燥——趴在地上手脚划来划去的。不过后来我发现这个姿势好像挺有用。最后一天，老师撤掉我身上所有的浮板，让我跳下水，当时我害怕极了，但是我战胜了恐惧，最后成功了。"

我说："是啊，当一个设计师看起来好像和学游泳也没有什么关系。但是要当一个好的设计师，你一样需要战胜枯燥，也需要突破恐惧。这些都是你在游泳里学会的。学习服装设计也是这样一个过程。当你遇到了不爱学习的科目时，你学会了沉下心来应对，想办法解决问题。以后你当了设计师，依旧需要使用沉下心来想办法解决问题的能力。"

我们都听过很多道理，而让我们过好这一生的却是经历。

在经历和过程里，我们真正感悟到、锻炼到、收获到体验和能力。我们在压力中学习如何合理安排时间，我们在每日的家务里体会责任和自律，我们在漫长的养育过程中，不断回望自我的成长。这所有的过程里有你的收获和提升，好的过程自然会产生好的结果。只要你不忘记自己的理想，人生就没有白走的路，每一步都算数。

过好这一生，不过就是在过程里，磨砺自己。

自主书写刻意练习：在书写中磨砺自己的心

书写是一个不断磨砺自己的过程，在这个过程里，我们修习驾驭欲望的志气。书写如果有目标，那肯定是成为更好的自己。这样我们就可以投入更真实的生活，活出更丰富的人生。

在书写中，勿忘初心，方得始终。

别把书写当成行动的替代品

书写可以帮助我们和自己连接，以及整合复杂的情感和记忆。然而面对一些并不复杂的现实情况和问题，我们沉迷于书写可能适得其反，比如，今天你和同事有了一些小摩擦，其实你吃个冰淇淋也就过去了。过于依赖书写，凡事都要写一写，可能会带来副作用。很多时候，做一些事去改变是更有意义的。

书写的初心是为了让我们更有力量行动。

不要在书写里满足自恋

做一个有才华的文艺青年，是个时髦的事。有时候我们难免会陷入书写的自恋之中。如果你开始发现，你迷恋于书写带来的仪式感，想要在这个书写的形式里找感觉，或者你开始刻意使用华丽的辞藻、名言警句或一些自我感动式的口号，或者你开始不经意地对他人说明和介绍你正在进行的书写多么具有精神意义……也请你停下来。

书写的初心只是最朴素的自我陪伴。

不要在书写里过度宣泄

书写可以处理情绪，我们在自我书写中也可以非常安全地暴露隐私。但是，无止境的宣泄并不会让你感觉更好，反而容易使你养成负性思考的习惯，让你变得更无力。当你反复书写某一种负面情绪的时候，你要问自己，这件事对我的意义是什么？我如何看待这件事情的发生？你要学会探索自己的情感而非归责于外。

书写的初心在于自我的成长和内在的整合。

不要把书写变成唯一的交流

书写是一件孤独的事，你会慢慢地上瘾。因为你会发现，沉浸在书写里面、远离现实之后，你变得更轻松、更快乐。你自己就是那个最理解自己的人，最无条件支持自己的人。但这些并不是真实生活的全部。你仍然需要朋友和家人，虽然他们有些时候让你觉得不太满意。书写不能成为逃避他们的避风港。你也不可以迷信书写，当你的情绪出现严重的问题时，你依然需要去寻找专业的帮助。

书写的初心，是帮助你能更好地面对世界。

不要把书写变成过度的反思

　　书写的一个重要价值就是进行自我反思。我们会反思生活、工作中发生的事，反思我们童年的经历，反思自我的安全感如何……然而过度的反思会让我们走向另一个极端，就是把反思作为前进的方向。这会带来永无止境的探索和觉得自己永远都不够好的错觉。毕竟我们并不想成为一个哲学家，不是吗？

　　书写的初心，是更好地生活。

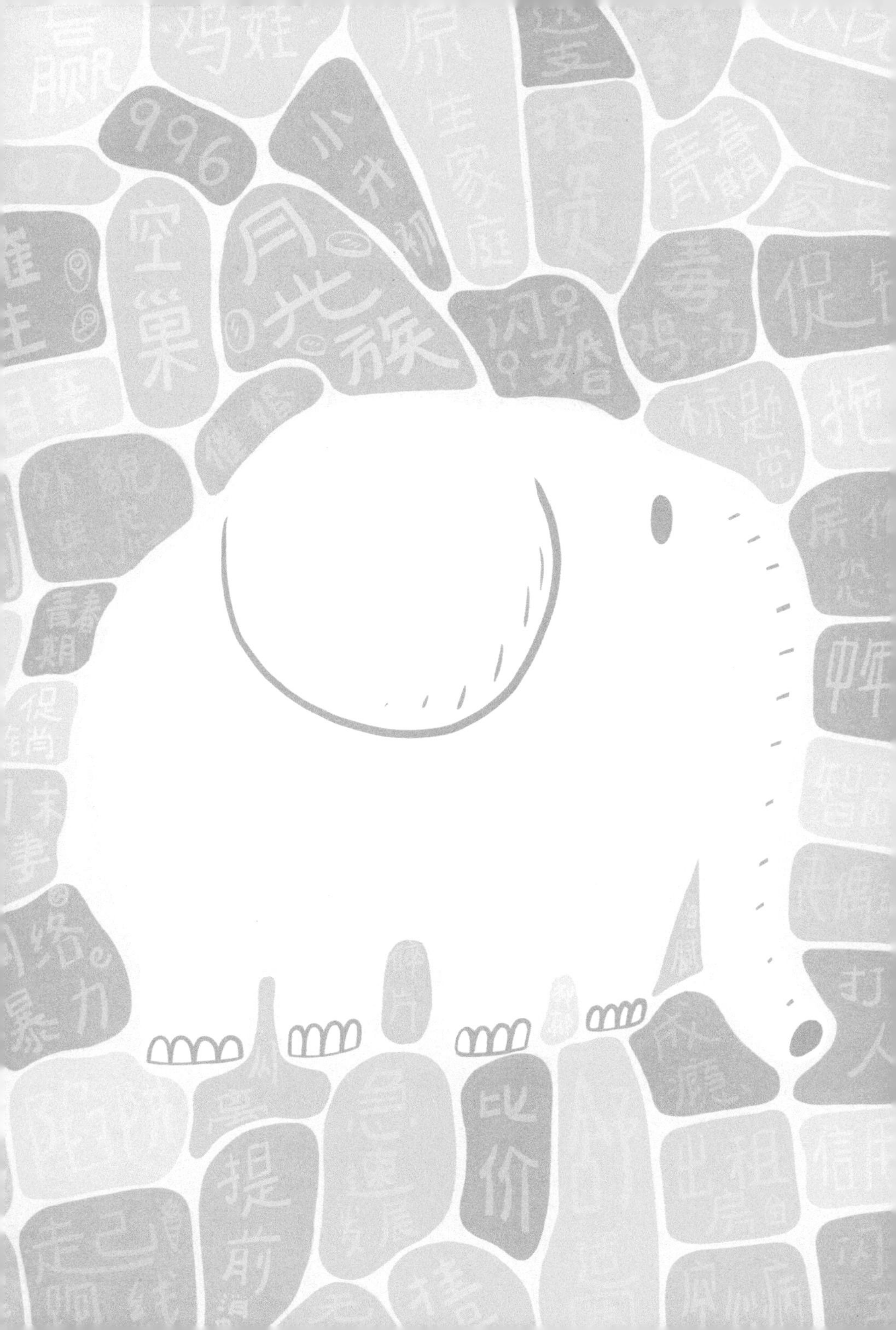

鸡娃
原生家庭
996
小升初
空巢
月光族
闪婚
毒鸡汤
促
青春期
标题党
促销
网络暴力
提前
比价

网络焦虑时代

这头大象满满当当地占据了整个生活空间。

曾经有一段时间，一封据说是比尔·盖茨写的公开信在网络上流传，题为《我们可以从新冠病毒疫情中学到什么》，内容是 14 条关于新冠肺炎疫情的"感悟"，来源被标注为英国的《太阳报》。这封公开信不仅在中文社交媒体上流传，还登录了许多英文社交媒体。然而，盖茨基金会的认证账号在微博上发表声明，证实该文章为虚假的，《太阳报》的网站也将其删除。

网络时代是一个信息过载的时代。

信息不仅海量、庞杂，还变得愈发真假难辨。我们每天都在关注最新、最快、最热的信息。而这些信息也都稍纵即逝。我们变得渴望知道又容易忘记。很少有人去深究这个世界到底发生了什么，也很少有人停下来去认真考虑这些信息在如何改变着你。

热度榜可信吗

自从自媒体铺天盖地地热闹起来以后，主流媒体的声音渐渐不再是唯一的信息来源。大量的信息经过巧妙的"打扮"，从不同的出处来到公众面前。在海量的信息里做出选择，越来越困难。在商业力量的驱动下，化身为"知识"和"科技"的信息被作为商业营销的背书和前奏。久而久之，很多错误的"判断"无形中竟然成了公众的"共识"。

人民网《求真》栏目与百度辟谣平台联合推出了"谣言热度榜"，专门针对当下的热门信息中的高点击率的不实报道定期进行辟谣。《人民日报》的公众号在 2018 年 10 月 25 日还发布了一篇文章，对有关健康的 101 条谣言进行了一次性"清理"。很多我们耳熟能详甚至早已信以为真的"健康知识"都被收录其中。

比如，香蕉、柿子、橘子、番茄、牛奶、豆浆……都可以空腹吃。因为人在饿的时候，永远是空腹状态；"酸碱体质"是伪概念，基于这个理论的一切说法都是假的；市面上没有打针西瓜，因为瓜皮上的针眼其实非常明显，染色剂也会让西瓜烂掉，这样的瓜卖不出去；反复烧开的水不能喝，唯一的理由就是烫嘴；蚊子吸血不挑血型，汗多、呼吸重的人，蚊子更喜欢；骨头汤、鸡汤很好喝，但不补钙……

看着这长长的辟谣清单，我全程都在不停冒出一个念头：

"真的吗？"你是不是和我一样呢？如果媒体的报道、科学知识对于大众来说真伪难辨，那么作为普通人的我们又该相信什么？会不会过几天又会出现有关辟谣的辟谣……

当专业挑战常识

科学的发展促进了专业知识的推陈出新。与我们的日常生活息息相关的医疗、健康、饮食、通信等领域的迅猛发展，在给普通人带来便利的同时，也不断颠覆着我们的生活"常识"。如果媒体上出现了一个最新"科学研究成果"，比如，补充哪一类微量元素对于人的身体健康意义重大、注射某一种酸可以改善皱纹……我们真的无法判断这是否"真实"。当一个营养学博士用各种"专业术语"向你说明一日三餐该吃哪些食物时，你也真的很难找出其逻辑漏洞，甚至有可能根本听不懂——但你却记住了他推荐的食品。我们的"常识"在"专业知识"面前变得毫无用武之地。

成为某一个领域的专家是很多人追求的目标。然而，专业领域的分工细化也同时加剧了我们对世界的认知的分裂。成为某个领域的专家，一方面，让我们对世界的认知更加深刻，另一方面，也容易让我们产生一种错觉——"我已经无所不知"。而不同专业领域之间的交流则变得愈发困难。你可以想象，一个负责产品研发的技术人员想给一个销售解释清楚"这个产品功能为什么无法实现"并不是一件容易的事。另外，如果一个销售总监想把营销管理中的"客户转化过程"给技术人员解释清楚，并需要他们将这个过程开发成一个好用的管理软件，他们恐怕也需要经过反复的、大量的沟通。

信息变得真伪难辨，我们变得难以理解彼此，这是多么让人焦虑的事啊。

越有知识，越焦虑

一组由壹心理和人民网共同发起的覆盖了400万人的大型网络调查的数据反映了疫情期间公众的心理状况。问卷共有24个题目，参与调查的人要给自己打分，分数越高代表心理状态越差。

其中的一个重要的数据是学历状态对我们的心态的影响。统计结果多少让人感到有一些意外——学历越高的参与者的问卷得分越高，本科学历的参与者表现出的负面心理状态的分值最高。看来拥有更多知识似乎和我们的好心境并非正相关。相反，人如果越依赖知识，越想要"弄清楚"，越要去分析，越感觉需要学习更多，反而越会变得无所适从、患得患失。

"海淀妈妈"是国内知识水平很高的学生家长群体。海淀妈妈们一般都拥有较高的学历，很多人会把精力全部都放在孩子的教育上。她们不是在陪伴孩子补习，就是奔波在陪孩子去补习班的路上。她们对制订各种学习计划轻车熟路，其中放弃自我发展、辞去工作的家长为数不少，她们犹如身披铠甲的"战士"，一日日地刷新和挑战着孩子们获得知识的极限，把自己生活的地方变成了"升学焦虑"的最主要的战场。

知识并没有缓解我们的焦虑水平，追逐知识带来的焦虑却肉眼可见。

日渐消失的身体感觉

当大量的信息和知识占领了我们的头脑，我们身体的感觉就会渐渐消失。

"感统"的全称是感觉统合，是指大脑将来自各人体器官的感觉信息输入组合起来并完成统合后，个体据此完成对身体外的刺激的反应。"感统"使个体与环境顺利接触。"感统失调"是现代儿童中多发的一种学习能力障碍。感统失调的孩子智力很正常，但是孩子的大脑和身体各部分的协调出现了问题，他们会出现注意力不集中、手脚不协调、不安、乱动、做不好精细动作、分不清方向等大脑和身体不能协调发展的问题，因而无法顺利适应环境。

　　这些问题的出现主要是由于小家庭的都市化生活方式——儿童活动范围过小；大人对幼儿过度保护、事事包办；过度使用电子产品。这些导致儿童无法充分使用自己的身体及各种感官。我们不要小看玩土、玩沙这些旧时的游戏对于感觉统合的意义。他们要触摸沙土、观察玩具、听其他小朋友讲话、努力地和小伙伴共同去抬一桶水……这所有的过程都是非常重要的感统训练。上树下河、跑跑跳跳，这就是我们的身体融入环境的过程。

　　而现在，我们几乎无时无刻不在思考。思想就像湍急的河流，终日不断地流过我们的头脑。我们每个人都变得日理万机、忙忙碌碌，即使到了晚上休息的时候，也还在刷手机、停留在白天的头脑信息流的惯性里，即使睡了，有时候也无法让自己"关机"。我们的注意力被未完成的"计划"和"目标"、各种各样的"想法"和"思考"所占据。在实现目标的那一刻，我们似乎马上又有了下一个目标。生活中的光线、气味、声音、味道，以及躯体的感觉都变得了无痕迹。这就是为什么我们需要用更强烈的刺激——麻辣火锅、烈酒、极限运动——来让自己感受到，我们依旧活着。

头脑并没有那么"聪明"

　　在一期很热门的真人秀节目中，嘉宾们陆续到达集合地点，此时室内突然一片黑暗。所有人都有些惊慌失措，不知道发生了什么。嘉宾 A 和 B 的反应相当激烈，他们二人抱在了一起，并且都倒在了地上。当灯光再次亮起时，嘉宾 B 说他被人打了头，并且怀疑是离他最近的嘉宾 A 干的。

于是，本期节目就围绕着究竟是不是嘉宾 A 打了嘉宾 B 展开。节目组让在场的所有嘉宾自行选择相信谁，然后站到相信的人的一边，与其成为一组。并且在接下来的游戏中获胜的一方可以得到相关的证据。于是"一张报纸上的文字""一段录音""一张图片"等"真实"的证据陆续浮出水面，所有的蛛丝马迹都指向嘉宾 A。

最后，在仲裁大会开始的时候，嘉宾 A 及其所在的小组已经放弃了"挣扎"，嘉宾 B 所在的小组眼看就要取得最后的胜利了，因为他们搜集到了非常"确凿"的证据，它们证明就是嘉宾 A 打了嘉宾 B 的头。而此时，嘉宾 B 却突然独自一人背过身哭了。

原来，这一期的导演联合嘉宾 B"欺骗"了所有人，这是一个只有他们两个人知道的秘密——嘉宾 A 是被冤枉的。所有证据当然也是被精心设计过的。那些让别人百口难辩的证据蒙蔽了所有人的双眼。虽然这是节目的设定，但它告诉了所有人"不要盲目定夺一件事，你需要独立思考"。

我们的头脑并没有那么聪明，你看到的不一定是真相。

心理学家丹尼尔·西蒙和丹尼尔·莱文在校园里做了一个有关注意的实验。当时，一个实验人员拿着一幅地图向随机走过的行人问路，行人们毫无疑心。实验人员询问到一半时，有两个被安排好的人抬着一扇大门从提问者和行人之间穿过，在那一刹那，行人被大门挡住了视线，就在这时提问者被迅速替换了。等抬着大门的人走过后，行人的对面已经是不同的人，他们具有不同的身高、穿着不同的服饰，甚至有着不同的声音。你觉得有多少行人注意到了这个变化呢？在这项研究中，该比例只有 47%，而在另一个研究中这一比例只有 33%。显然，很多人对正在他们眼前发生的事情——"提问者从一个人换到了另一个人"——并没有觉察到。

为什么会这样呢？

心理学家的解释是，当我们收到一个需要解决的任务时，我们会立即关注解决问题这一目标，我们的头脑只会选择与达成目标直接相关的信息。我们完全没有意识到自己忽略了太多我们原本感知到的东西，甚至到了全然没有注意到"与我们说话的人"的地步。心理学家把这种现象称为"变化盲视"。

在现代的社会中，我们都是这样只关注目标的"盲视"者吗？我们看向成绩，却忽略了孩子的心理健康。我们看向业绩，却忽略了可持续发展的可能性。我们看向房子、车子、票子，却看不到已经"疲惫不堪"的自己。

不要低估劳动的价值

李子柒的田园作品华丽丽地火了，甚至被作为一种文化现象广受讨论。"三月桃花开，她采来酿成桃花酒；五月枇杷熟，她摘来制成枇杷酥，她还养蚕、缫丝、刺绣、展示竹艺、做木工……她成功塑造了一种诗意的山居生活情境。"她的作品有着浓郁的传统文化色彩，让人们了解了传统的衣食寝居，并畅想了一种超脱于消费社会之外的亲近自然的生活方式。她的作品除了展示了田园情趣、自然风光之外，还呈现了传统"劳动"的魅力。

还记得小学课文《温暖》中有这样一段描述："天快亮了，敬爱的周总理走出人民大会堂。他为国家为人民又工作了整整一夜。"周总理刚要上车，看见远处有一位清洁工人正在清扫街道。他走过去，紧紧地握住工人的手，亲切地说："同志，你辛苦了，人民感谢你。"

还记得小时候母亲织毛衣的样子——一针一线地编织，竟然还能穿插出很多变化；还记得奶奶做小棉袄时踩着缝纫机的样子，缝纫机传出"哒哒哒哒"的响声。过年时，一家人会一起动手做年夜饭——包饺子。你拌馅儿，我擀皮儿。爷爷烧开了水，大喊一声"下锅了"。劳动是我们的身体储存记忆的最好方式，也是传统生活中最富有创造力的部分。

现代人似乎在努力地离开劳动——能开车便不再行走，

能点外卖便不再做饭，能挣钱找阿姨打扫卫生便不再自己动手。生活的节奏越来越快，人们拿着手机，在虚拟的网络里感受人生。

我们都在头脑的世界里耗尽了能量，不再有多余的力气使用身体创造真实的生活。荒废了身体的后果是无穷无尽的空虚、虚妄和焦虑。生活因而失去了质感。

自主书写刻意练习：书写身体的直觉

（用手机微信扫描二维码，即可边听边做）

回归身体，是找回自己的开始。

感受呼吸、心跳、双脚踩在地板上的感觉、情绪、能量、此时此刻你的生命力……真实地活在每时每刻，而不是做大脑和念头的奴隶；在生活里敞开自己去迎接一个个新的可能性。你可以去淋浴、锻炼、按摩、喝茶、相互拥抱、听一段音乐……你要打开所有的感官，充分地使用眼、耳、鼻、舌、身去拥抱和体会整个生活。我们的身体是最直接、最灵敏、最完善的感觉通道，它会帮助我们更全面地感知正在发生的一切，让我们全然地活着。当然，我们也可以通过书写的方式帮助自己开启身体的感受，从头脑回归身体。因为，身体知道答案。

运用五感进行书写

你可以尝试使用以下的句式作为开头。

"我看到……"

你可以描述你见到的颜色以及颜色带来的感觉，或者描述你所见到的光线以及光线的强弱带来的感觉；你可以从近处望到远处，再从远处回到近处，然后写下你望到的一切，或者某一样能抓住你的目光的东西；你还可以细致入微地凝视一样物品，比如，书桌上的一个台历，并试着写下一个你之前不曾发现的细节……

"我听到……"

你可以描述你听到的声音以及声音带来的感受，或者描述你所处的环境里充满着什么样的声音以及它们是由什么发出来的。你可以描述音量的大小、声源的远近，以及声音的节奏和旋律。当你听到别人讲话时，你是否可以闭着眼睛从声音里感受到他的模样？当你听到一段旋律时，你是否能感受到它想传递的情绪？如果你处在一个特别安静的环境里，你是否可以听到自己的心跳？

"我触摸到……"

用你的手指上的皮肤轻轻地去接触一样物品，可以是一个瓷杯子，也可以是一只泰迪熊玩偶。用手指感受它们的温度、质感、软硬程度，这时候你想要对它说些什么？为了避免眼睛的干扰，你还可以闭上眼睛，慢慢地去探索。你也可以试着触摸自己的双手、脸颊、头发，或者身体的某个部分，你又想对自己说些什么呢？

"我闻到……"

你可以试着从室内移步到室外，体会第一口新鲜空气进入身体的感觉。当你从外面回到家里时，试着在推开门后注意一下家里的味道；当你烹饪的时候，当你打开一瓶精油的时候，当你脱下袜子的时候，都请留意启动自己的嗅觉，嗅觉是最容易让我们忽略的部分，却是对我们的无意识作用最大的部分。请留意自己身体的味道，也留意自己喜欢的人的味道，写一写味道里的记忆是什么……

"我尝到……"

把食物送进嘴里之前，请停下来想想该如何放置它；轻轻地把食物放进嘴里，先不要咀嚼，留意它的味道是如何慢慢地扩散到你的嘴巴里的；有意识地咬上一两口，细细咀嚼，体会一下在这之后味道又发生了怎样的变化；体验随着咀嚼的进行而被一波一波释放出来的滋味，以及同时出现的想要吞咽的冲动和胃里咕噜咕噜的声音……

种种滋味，带你回归身体的家。

2016 年，北京大学的徐凯文教授在一次公开演讲中提出了"空心病"的概念。得了"空心病"的年轻人深感内心空洞，失去了生命活力。他们往往非常优秀，在成长的过程中没有出现明显的创伤，个人条件和家庭条件也很优越，但就是找不到自己真正想要的，感觉不到生命的意义和活着的动力。近几年，类似的心理现象日益受到社会各界的关注，在校园里，在社会上，在成年人中，越来越多的人认为自己患上了"空心病"。

现代人的"空心病"

"我不知道自己在干什么，到底想要什么，甚至不知道自己是谁，我时不时地会感觉恐惧。"

"我从来没有为自己活过，也从来没有活过，这样的人生似乎没有任何意义。"

"学习好、工作好是最基本的要求，但也不是说因为学习好、工作好我就会开心。可是如果哪里不够好，我就觉得活不下去了。"

……

这些是患上"空心病"的人的最常见感受。"空心"是一个非常形象的说法，描述了内心的那种空荡、无力、缺乏存在感和意义感的感觉。

空心病有时候看起来像是抑郁症，症状有情绪低落、兴趣减退、快感缺乏，但其实这些症状并不突出，甚至他们中的很多人看上去还活得很"快乐"，"干劲十足"。在校园里，他们往往是非常优秀的孩子，或者说，他们是人们眼中的"好孩子"。他们非常在意别人对自己的看法，会努力维系自己在他人眼里的良好形象。但这一切都是为了别人而做的，因此他们非常辛苦，疲惫不堪。

有一个叫"微笑抑郁"的词，特别适合这些人，他们表面上看着快乐，却难掩内心的孤独感和无意义感。这种孤独感来自于他们与这个世界及周围的人并没有真正的联系，特别是情感上的联结。他们无法在关系里获得滋养和乐趣，于是优异的成绩、努力工作的成就感就变成了一剂"强心剂"。但只要人生经历中的"风吹草动"撼动了表面的"光鲜"，或者他们发现"目标"已经完成，那么这时候内心的"不真实""空荡荡"的感觉就会瞬间浮出水面，占据整个身心。

空心病在兴盛的时代敲响了悲怆的警钟，我们的心空掉了。

被科技物化了的情感

科技发展推动了社会的进步和生产力的高速发展，但同时也给人们带来了不少困扰。不断增加的被物化的可能性就是其一。我们亲手制造了很多东西，而它们让我们离自己的情感越来越远。

我们把食物研磨成粉末或者制成药丸，并量化成化学成分表和热量表，以精准地计算和控制摄入量、保证营养成分的均衡。未来我们会不会像"机器人"一样吃下一个个"能量块"来维持生命力？

我们把美丽的标准也设置成了一系列具体的尺寸和计算公式。大眼睛、锥子脸、饱满的额头和嘴唇……每个位置都有精准的"改造"标准。

如果连这世间的食物和容貌都变成了统一的数字和模板，那么我们是否还能算是一个活生生的"人"？

机器人已经进入了我们的生活，一开始它们是帮忙扫地、洗碗；慢慢地，它们可以送餐、取物了；再后来，和孩子一起读书、陪人聊天的机器人陆续上线。银行里有自动的提款机，街上有"无人"的出租车，博物馆里的讲解员也变成了行走的蓝牙设备……一方面，我们似乎拥有了更"高科技"、更"时尚"、更"炫"的生活，另一方面，我们又好像在慢慢退出生活本身。我们正在被物化。

《围城》里有这样一段话："写好信发出，他总担心这信像支火箭，到落地了，火已熄了，对方收到的只是一段枯炭。"那时候人和人的情感炙热且绵长，情侣间虽不得相见却因此多了牵挂。如今，飞机、高铁在不断缩短人们跨越物理距离的时间，有了视频电话，人们无论身处何处都可以随时"连线"。然而人和人之间的情感，反而变淡了。人，变成了对话框里的一个"头像"。节日里，问候和祝福变成了红包。节日似乎越来越多了，可以对彼此说的话却越来越少了。

我们的生活，正在走向一种"精致的空虚"。

生活是一张待完成清单

美国著名童书作家艾诺·洛贝尔写过一个有趣的故事——《青蛙和蛤蟆》。

　　故事中的蛤蟆的生活是这样的。新的一天刚刚开始，蛤蟆从床上坐起来，在一张纸上列出今天要做的事情的清单。他写下了"醒来"。既然他已经醒来了，就直接划掉吧。然后他又写了"吃早餐""穿衣服""和青蛙一起散步""吃午饭""睡午觉""和青蛙一起玩游戏""吃晚饭""睡觉"。他一件一件地完成了清单上的事情，他每做完一件就划掉一件。

　　当他来到好朋友青蛙的家时，他宣布："我的清单告诉我，我们要去散步。"然后他们就去散步了，于是蛤蟆就从清单上划掉了"和青蛙一起散步"。突然一阵大风把清单从蛤蟆的手里吹走了，青蛙赶紧去追。但是可怜的蛤蟆不能去追，因为这不在它的清单上。所以蛤蟆只能呆呆地坐在那里。

　　青蛙没能追回清单，双手空空地回来了。蛤蟆记不得清单上还剩什么事情需要做了，于是它们只能一起呆呆地坐着。最后，青蛙说："天快黑了，我要回去睡觉了！""睡觉！"蛤蟆大叫着跳起来："那是我清单上的最后一件事。"于是蛤蟆找了一根木棍在地上写下"睡觉"，然后划去，这下他感到自己终于过完了这一天。

　　有多少人在清单里过着自己的生活？我们执行的是一个连续不断的、永远在"更新"的待完成事项列表。生活不再具有开放性，也失去了弹性，变成了一张待完成事项清单。有时候连情感生活都变成了其中的一个"任务"，比如，"奖励自己一个大大的冰淇淋""完成这篇稿子后静静地走上一刻钟""和爱人晚餐时倾听 5 分钟"……

不知道你是否会为了完成这个倾听的任务去给自己上个闹钟呢?

不要总向往别处,在当下就让自己的心安定下来

生活似乎总是在他处。和孩子吃完晚饭,我想着要去切好水果,然后督促孩子休息一会儿、吃点水果、抓紧完成作业。我一边洗着盘子,一边竖着耳朵听着客厅里的动静,想着孩子的游戏时间是不是按时结束了。我在脑子里盘算着要不要去提醒他……我对自己说,等自己做完了所有的家务,孩子也去写作业了,要好好冲杯咖啡,静静地想想自己的稿子。我一样一样地完成了所有事,孩子也终于被撵去房间做作业了。我刚冲好了咖啡,突然又想起课外辅导班的老师好像说明天要换一次课,于是我赶紧发微信去确认,一并确定了明天的接送计划和晚饭。安排完了一切,我回过神来,猛然发现自己竟然端着一个空杯子。我喝掉了这一杯咖啡,是吗?

我一定喝了咖啡,但我不记得了。

在忙碌的生活里,我们总是想象着,只要完成任务、换个地方、到了别处,就会有时间放松了。似乎只有到了没有

清单的"诗和远方"，我们才会幸福。然而，这是一个错觉。正是因为我们的心总在他处，我们几乎从不活在我们真正身处的地方，很少对此刻展现的一切都加以关注。我们急着赶紧划掉这项"任务"，而并非对"此刻"敞开怀抱、全然投入。就这样，我们错过了每一天的一个又一个瞬间。

就像我错过了心心念念的那一杯咖啡一样，我想我同样也错过了很多生活中的那些与自己在一起、与自己的心在一起的点点滴滴的时光。在洗盘子的时候，我想着作业，在喝咖啡的时候，我确定着明天的安排。就这样，我在不知不觉中错过了一顿饭的美好、洗碗水的温度、咖啡冒起的香气、和孩子的愉快聊天……生活，就这样溜走了。

于是我决定学着：在吃饭的时候，看着孩子狼吞虎咽的样子心生欢喜；在她吃完饭靠在沙发上的时候，跟她挤在一起聊一会儿天；跟她约定好做作业的时间后就去洗碗，为自己放上一段轻松的音乐。我不想再错过这些点滴的感受，更不想空掉自己的心。

在你披荆斩棘的每个瞬间，都请带上自己的心。

在有价值的地方投入情感

空心病，也和"价值观缺陷"有关。

　　价值观是一个人的行动指南。它决定了我们认为做什么是有意义的，做出选择的标准是什么；它决定了我想要什么、在乎什么，以及我认为什么是重要的。当我们去做自己认为有意义的事、重要的事，并享受其中的时候，我们就会不断积累情感。

　　如果我们看重家庭和关系，我们就会持久地经营情感，分享快乐，共担苦难。我们愿意花时间陪伴在自己在乎的人的左右，一起做快乐的事。

　　如果我们有自己喜爱的事业和工作，我们就愿意投入其中，克服困难，取得成果，获得成就感。看着工作的成果能够为他人和社会贡献价值，会让我们获得巨大的情感满足。我们的生命是有价值的。

　　我们要把那些真正让自己快乐、让内心充实、让生命庄严的准则，作为自己的价值观，并在这样的地方投入自己的情感。这样人生的方舟就不会迷失方向，风平浪静时你满载而归，疾风骤雨时你无畏无惧，迷雾重重时你也可以朝向彼岸。

　　有信仰的地方，才能承载起浓浓的情感。

好的坏的都要照单全收

　　把自己的心留住，并非指只是留意那些美好的体验。幸福和美好的体验只是生命的一小部分。人生苦难重重。大多数时候，我们都在经历并不完美的人生。悲伤、沮丧、疲惫、愤怒、羞耻……很多人会下意识地逃开这些"坏心情"。可是那些你不想处理、努力甩掉，或者企图掩盖的情感，迟早会从后面追上你。

　　我们的心主宰着我们的观察方式、思考模式和行为举止，无论你逃去到哪里，只要这种方式不改变，同样的问题迟早会再次发生。你若努力地"丢掉"负面的感受，一样会感到空虚。我们的生活陷于困顿、内心忧虑重重的时刻，其实恰恰是找回情感的最好时机。无论事情多么棘手，只要我们真诚地面对自己的内心，面对内心的各种各样的情感，允许自己在困难里"经受磨砺"，我们的情感就会在这里凝聚，我们的心就会在这里成长，我们会变得更加充实、更有生机。

客栈

——鲁米

做人就像是一家客栈，

每个早晨都是一位新到的客人，

快乐、沮丧、悲伤，

一瞬的觉悟来临，

就像一位不速之客。

欢迎和招待每一位客人，

即使他们是一群悲伤之徒，

来扫荡你的客房，将家具一扫而光，

但你还是要款待每一位宾客。

他或许会为你打扫并带来新的喜悦。

即使是阴暗的思想、羞耻和怨恨，

你也要在门口笑脸相迎，

邀请他们进来，

无论谁来都要感激。

因为每一位都是上天派来指引你的向导，

将更广阔的一刻接着一刻的觉知带入一个旧的伤口，

或是当前的痛苦，或是一段困难之中，

其美丽之处在于它为我们的心智和身体开启了新的可能性。

自主书写刻意练习：学习书写情感

艺术是对情感最彻底的表达。书写是艺术性表达的一种方式。和其他艺术表达方式一样，我们借由这样的形式，让情感充分地流动和释放。

旧金山的舞蹈治疗师安尼克林斯做过一项研究——一个名为身体运动的实验。有 64 名学生参加了这个实验，他们被随机分成用肢体动作去表达痛苦体验的小组、用肢体动作去表达并用

10分钟书写痛苦体验的小组，以及用规定动作做练习的小组（比如形体操）。这三个组的参与者都连续做了三天，每天至少做10分钟。虽然在两个表达性运动小组里，参与者没有被人监管，也没有配合舞蹈的音乐，但他们还是比按照规定动作进行锻炼的小组更喜欢运动。一个月后，两个表达性运动小组的所有成员都说，他们觉得更加快乐和健康了。但只有进行表达性运动加上书写的小组的成员的生理健康指标改善了。因此，把情感转化成某种叙事或语言，是非常重要的。

通过绘画来进行情感袒露也是有帮助的，因为绘画的过程更多的是情感性的而非认知性的。填充颜色的绘画小册子一度很流行。色彩也是表达情感、释放压力的出口。有研究表明，绘画有助于提升孩子们的情绪管理能力。

在心理治疗中，艺术治疗已经发展出多种多样的形式，其核心都是通过各种各样的艺术形式帮助人们整理情感，书写便是其中之一。

书写中的情感表达

对于有些人来说，在书写中表达情感很容易。他们甚至写起来一发而不可收。而对于另一些人来说，他们更擅长理性的分析和描述，把情感写出来并不容易。以下的一些方法可以帮助你和情感联结，并通过书写调动情感。

写你与它的故事

在周围的环境中寻找一些特别的地方、特别的物品，它们对你来说要具有特别的意义，它们的背后要有一个你自己的故事。当你走到它们的面前、看到它们时，你的某些情感会被触动。尝试从这里开始，把这个故事写出来。如果你很难找到感觉，你可以先尝试用第三人称书写，就好像在讲别人的故事一样。当然，对于任何人这个方法都适用。试着回忆你桌上的每一件物品的来处，以及它的背后有什么样的故事……故事是最好的情感载体。试着写一封信。

生命中那些重要的人，都与我们产生过很多情感。你还有哪些想对他们说的话、想对他们倾诉的愿望、想发泄的愤怒？人在写信的时候特别容易将自己的情感带入其中。你不必把信寄出去，因此你没必要再压抑那些感情，就让它们都顺利地流淌出来吧。

借助荧屏上的故事

你如果实在没什么故事好写，也对人和人的关系比较麻木，不妨去看看电影，或者追追剧。最好不要去看那些经不起推敲的喜剧，因为纯粹的宣泄和放松并不能带来有质感的情感体验。文艺片、伦理片、一些超有内涵的动画都是不错的选择。看完后，试着写一篇观后感，问问自己，在看影片的时候，自己想起了什么往事，想起了谁，哪些段落让自己潸然落泪……

借助音乐和阅读

听音乐和阅读文学作品与观影一样，都能帮助我们去发现情感、感受情感。有些人会担心，这样"感情用事"会影响工作效率，打乱生活计划。其实，真正情感丰富又懂得驾驭情感的人，才不会感情用事。相反，冲动总是来自于压抑，空虚总是与逃避如影随形。没有情感的理性至上往往会让人误入歧途。当你变得感性而柔软，你才会从"日程表""待完成事件清单"里解放出来，才不会把自己的心空掉。

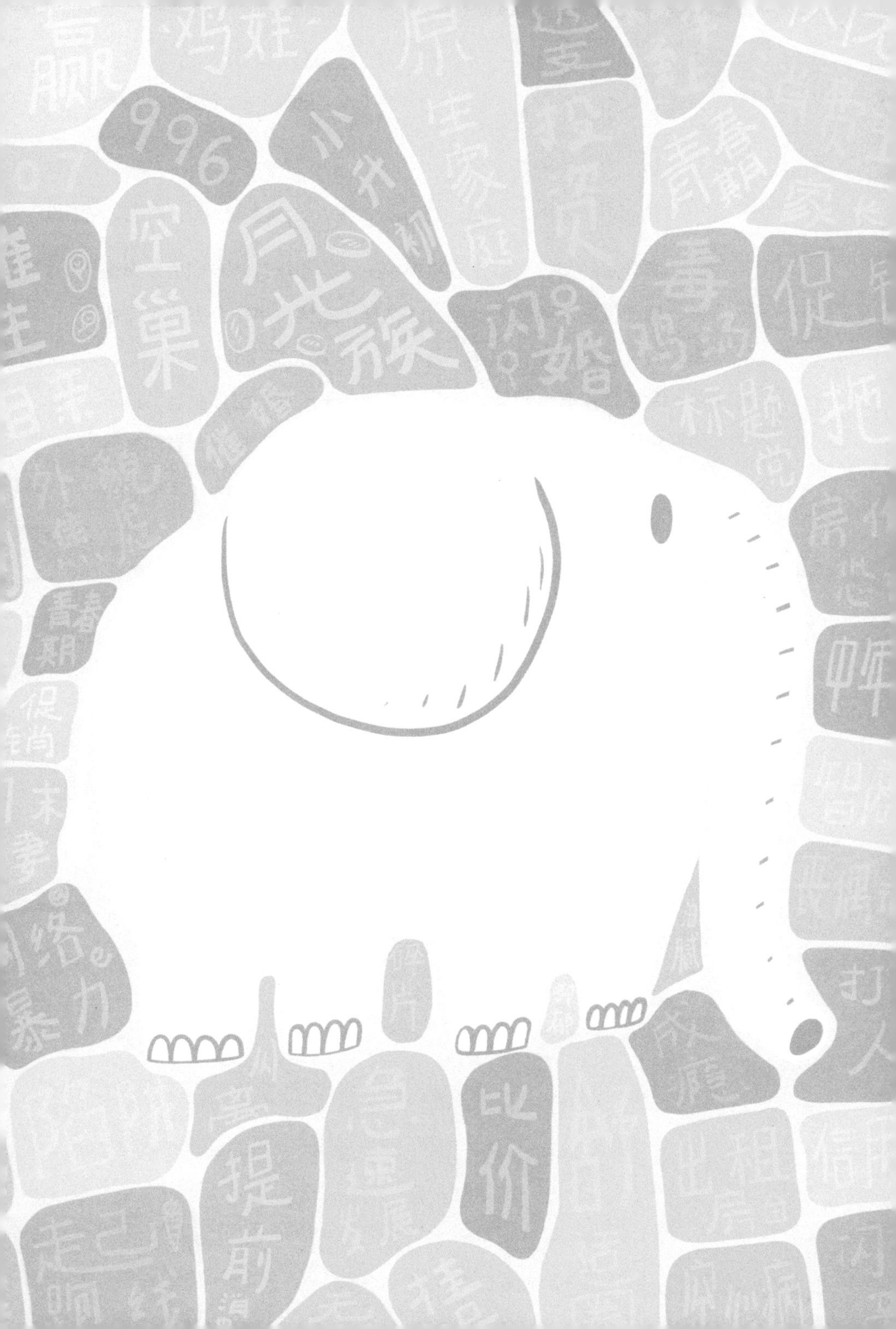
鸡娃
996
空巢
月光族
小升初
原生家庭
闪婚
毒鸡汤
青春期
促
催婚
标题党
青春期
网络暴力
提前
比价

第7章 接纳真实的自己

古希腊神话中有一个关于美少年纳喀索斯的故事。传说河神科菲索斯娶了水泽神女利里俄珀为妻，他们生下一子，取名纳喀索斯。纳喀索斯出生以后，他的父母去求神示，想要知道这孩子将来的命运如何。神示说："不可使他认识自己。"美少年纳喀索斯长大后，有一天他在水中发现了自己的影子，他心中喜悦，竟然爱上了自己在水中的倒影。纳喀索斯在湖边流连，迷恋着湖中的影子，不觉得累，也不觉得饿。一天又一天过去了，他不吃也不喝，难以自拔。

终于有一天，他赴水求爱时溺水而亡，死后化为一朵水仙花。

社交媒体中的自我倒影

你是那个爱上自己在美颜相机里的"倒影"

的人吗?

　　网络社交时代无疑正在助长一种自恋的文化。"你要懂得发现自己的美""你值得最好的""每个人都是世上独一无二的存在"……在这些充满诱惑的心理暗示之下，人们难免会自我膨胀。人们欣赏着自己"无死角"的自拍，用手机随时记录下自己"精彩"的生活，给精心排布的照片配上充满小"心机"的文案后发布到朋友圈，然后紧紧盯着社交媒体上不断增长的点赞和关注……对于修图人们已经习以为常。美颜和滤镜，如同希腊神话中的那个会反射出动人影像的倒影池一样，把每个人都变成了爱上自己倒影的纳喀索斯。

　　美国佐治亚大学的心理学教授劳拉·巴弗迪和基斯·坎贝尔让 3 万多名 Facebook 用户填写自恋人格量表，并通过这些用户们在社交网站上发布的内容来评估他们的自恋程度。结果显示，用户的自恋人格指数和他的社交网络活跃度有高度的正相关性。也就是说，当一个人在社交网络上拥有的好友越多，每天更新的状态越多，照片点赞人数越多时，这个人往往也会在人格测试中表现出更高的自恋倾向。

　　社交媒体在制造一场"自恋"的竞赛。

精致的利己主义者

美国圣地亚哥大学心理学家珍·温格曾经在 2006 年出版过一本名为《自我一代》（*Me Generation*）的畅销书，她将当代年轻人定义为"自我一代"。这一代人没有经历过世界大战，也没有经历过大萧条，他们在宽松的家庭氛围和媒体浮夸的渲染中长大，他们从小被父母灌输的思想就是他们很特殊，也很重要，所以"自我一代"对于自己的期望值空前高，他们对未来持有的自信、乐观的态度前所未有。

温格还对"自我一代"所接受的家庭教育方式——"自尊教育"表示了担忧。"自尊教育"倡导提升孩子的自尊心，告诉孩子"我很重要"，要求父母和老师不批评或打骂孩子，多鼓励和爱护孩子，给孩子更多积极的暗示。温格认为，盲目推崇"自尊教育"可能导致孩子过度自恋，不由自主地自我感觉良好，使他们更容易相信考高分是简单的、赚钱很容易、只要创业就一定会成功。对自己怀着过高期望值的孩子很容易在残酷的现实社会中碰壁。

很显然，这种强调"自尊教育"的相关理念在我们这里也很流行。"孩子是最棒的""要充分尊重孩子的天性""对孩子要放养""要给孩子无条件的爱"等教育理念，已经在众多家长的心中生根。家长们为了不延续自己在儿时接受的偏保守和严苛的教育方式，把"放飞自我"的梦想，不管不顾地灌注到对下一代的养育过程中。现代家长的另一个"补偿"

心理就是"一定要让孩子获得成功"。这是一个全民渴望成功的时代，很多家长把自己未完成的心愿都寄托到了孩子身上。有些家长偏执地认为："自信和自我欣赏能够帮助孩子取得成功。"这也增加了家长在"自尊教育"上投入的热情。父母们强调"你最优秀""你会成功"，却忘记了告诉孩子如何在生活中做到成功和个人情感之间的平衡。更有家长不遗余力地、超越家庭实力地为孩子"倾情"付出。而教育过程中的"唯分数论"也成了片面追求成功的风潮的"温床"。很多精致的利己主义者就这样出现了。

那些高智商、追求品位、善于利用资源达到自己的目的的人，被称为"精致的利己主义者"。这种人对生活有自己的追求，并不一味地追求物质价值，他们往往是令人羡慕的成功一族。然而，他们自私、功利，一切活动都以利己为核心。

全能感的自我幻象

这个时代充满了机遇和诱惑，每个人都想过一夜成名。偶像、明星、"网红"成了最让人心动的职业，他们带来的是充满魅力的、时尚的、优越的生活。他们尽情地"做自己"，还拥有一群崇拜者为他们欢呼、为他们流泪、为他们着迷和痴狂。这种呼风唤雨、万众瞩目的"全能感"实在让人趋之若鹜。

互联网正在"铲平"一切，每个人都有机会"成为明星"。大量的综艺选秀节目，更是让人觉得距离梦想成真其实只有一步之遥。只要你懂得制造话题、博人眼球，你就能顺利成为"顶流"。"一夜成名"似乎不需要任何积累和沉淀，"台上一分钟，台下十年功"已经很少被提起了。

我们在浮夸的媒体报道中长大，那些吸引眼球的"一夜暴富"神话和"相信自己就能成功"的励志故事过分强调了成功者的个人主观意志，而抹杀了成功背后的天赋、努力、坚持和机遇，让人们相信自己只要足够自信、运气足够好，那么不用付出太多努力就会成功。

社会进步给人带来的便利，也让人觉得自己无所不能。

智能手表可以帮助我们确定孩子的位置，摄像头可以帮助我们远程监督孩子学习，甚至家里电视的开关、上网功能父母都可以通过手机终端控制。这些智能工具本是为了方便生活，但当它们被过度使用时，父母们就产生了一种我可以"操控一切"的全能感。孩子和被操控者成了"狱中人"。个人的边界被肆无忌惮地侵犯。

宽松的信贷政策也助长了我们的全能感。我们可以轻松地购买到那些我们实际上买不起的东西。我们高估了自己拥有现实、应对现实的能力。我们可以通过"拼"一套房、"拼"一个包，来让自己感觉自己很富有、很成功、很特别。

连游戏都在助长"全能感"。人们可以在网络上种菜、浇水，只要用手指点一点，就可以获得满园丰收。盖一座城堡也不过是按几个按钮，人们还可以随时拆掉再重盖。网络游戏中的唾手可得的快感特别能够刺激人的全能感，让人欲罢不能。

健康的自恋来自真实的自己

我们常说的"自恋"，指的是一种过于自我崇拜、过分关心自己的状态。这样的自恋者，往往表面光鲜，甚至很迷人。他们会高估自己的能力，过度欣赏自己。他们认为自己的社会地位、外貌、智力水平和创造力都比其他人优秀，然而，事实可能并非如此。同时，自恋者在与人相处时缺乏对他人的关心和爱，有时甚至会通过贬低他人来维持自己的"好感觉"。这样的自恋者很难和他人建立深层的关系。

这样的自恋在心理学上被定义为：虚体自恋，即他们的自我价值感和外在条件（美貌、金钱、社会经济地位）紧密地联系在一起。当外在条件好时（或自己认为好时），自恋得到满足，而当外在条件不好时（或自己感到威胁时），自恋受到损害。为了维持自己的"优越感"，虚体自恋者往往会屏蔽自己的现实验证，他们不愿意在现实中检验自己真实的样子到底是怎样的，这会让他们非常恐惧和不安。他们宁愿停留

在可以给他们带来"鲜花""掌声"的世界里，只为使自己的
"自我感觉良好"。

虚体自恋的极致就是"全能感"——觉得自己无所不能，认为只要自己一动念头，外部世界就会按照自己的意愿给予回应；幻想自己当上了明星，振臂一呼，应者云集；认为自己只要动动指头就可以获得大丰收，就可以掌控一切，像在玩游戏一样……然而，这种全能感是十分脆弱的。它使人一方面幻想着自己无所不能，另一方面又非常害怕在受到挫折以后面对真相。全能感破灭带来的那种无助感、无能感、羞耻感会使人陷入很深的抑郁状态。

健康的自恋被称为实体自恋，是一个人凭借功能良好的自我认知产生真实的自我价值感的状态。这是一种认为自己有能力去应对、值得被珍惜、值得被保护的感觉。这种感觉很真实，不会随着外在条件的变化而变化。这种真实的感觉不取决于银行存款有几位数，也不依赖于车子和房子，也与读了多少书、完成了几个重要项目无关……尽管这些外在的成果也会经由其与拥有者的内心产生的情感联结转化成内在的充实和快乐，但健康的自恋者就算失去这些外在的成果，依旧可以尽情地享受生活，并且有能力勇敢地去爱。

健康的自恋者珍惜真实的自己，并能借由爱自己一步步成为更好的自己。

在爱人中学会爱自己

爱自己并不是一件容易的事。

如今的流行观点是："如果连我自己都不爱自己，别人怎么会爱我？我又怎么可能有能力爱别人呢？"所以，人们不将就、不妥协、照顾自己的感受、说干就干、说走就走……爱自己真的是如此吗？

你是爱自己，还是爱别人眼中的那个你？

现代人有很多"疼爱"自己的情怀，如穿名牌衣服、喝咖啡、吃法餐、去四季如春的地方度假、刷爆信用卡……大家在微博、微信上一刻不停地晒着大众中流行的"幸福"，仿佛不这样做就不算爱自己。其实，你只是在努力地按照别人眼中的幸福的样子爱自己，你爱的只是自己在水中的倒影。你了解自己真正的需要吗？你知道更适合你的体质的饮品究竟是咖啡还是豆浆吗？你研究过哪一个品牌背后的文化与你的气质更匹配吗？你做的一切是为了爱自己，还是为了让别人知道"你有人爱"？当你觉得自己的职位和公司都烂透了，毅然决然地要离开的时候，你是否已经清晰地做好了职业规划，并做好了为自己的未来负责的准备？你确定自己不是在通过"炫耀"一个说走就走的旅行来掩盖你的失败？

爱自己，并不是放纵自己。

　　我们在自己还是小婴儿的时候，都觉得自己无所不能，认为只要哭闹奶嘴就会被送到嘴边。然而，成长的过程就是一个不断遭遇挫折、学习接受不完美的过程。我们要面对自己的无能为力，要打破自己对完美世界的想象，在他人的爱和鼓励下学习应对困难、控制欲望、相信自己，以及依靠彼此。爱自己当然不是压抑自己的需要，但也一定不是放纵自己的欲望。

　　请接受自己的脆弱和无力，承认自己的渴望和需要，允许自己不懂、不会、暂时没有。要知道自己在哪些地方更擅长，该如何努力去实现愿望。爱自己的前提是看到这个真实的自我状态的方方面面，并努力地让这个"真实"的自己一点点变得越来越好，不要徒劳地追逐一些粉饰自己的标签，不要因为放纵和追求即时满足而让自己在事后陷入更大的空虚和焦虑。

　　追求能让自己的内心真正充实的东西才是爱自己。

投入的爱让内心充实

　　请花时间认真地打扫完房间，一件件地洗好衣服并把它们挂起来，把凌乱的物品一一摆放整齐，把地板拖得一尘不染……当你做完这些后疲惫地窝在沙发上时，看着窗明几净的房间，你的心里升起的是充实。

请你抛开日常琐事，找一个有太阳的咖啡厅，拿一本书，读上几章，或者追一部好剧。书中、剧中的内容牵引出往日的时光，记忆在你的内心静静地翻滚。当微笑浮上你的嘴角的时候，你的心里升起的是充实。

我在很多年前就开始讲授基于心理学的亲子课程。可是在我亲身经历了抚养孩子的过程后，我发现自己之前讲的很多东西只是"纸上谈兵"。在经历了生活的无情考验和养育过程中的酸甜苦辣之后，如今我对很多问题都有了切身的体会。当我和学员互动时，我发现自己变得更有耐心，也更能体谅了。这个时候我的内心是充实的。

世间万物都与你息息相关，你无法在孤独中跑完全程。你必须投入地去做，投入地去爱。

当你学会爱别人时，你也就知道了如何爱自己。

敬畏是对自己最好的保全

有一句话被无数梦想者奉为经典："只要站在风口上，猪都可以飞起来。"

这是小米的雷军的一句名言，其实更完整的说法是："创业者需要花大量时间去思考，如何找到能够让猪飞起来的台风口，只要站在台风口上，你稍微长一双小翅膀就能飞得更高。"人们好像自动忽略了"花大量时间去思考"和如何长出"一双小翅膀"。能踩在风口上的创业者不在少数，然而能够活下来的屈指可数。能否靠自己长出"一双小翅膀"才是关键所在。

否则风停了以后，你靠什么支持自己继续飞翔呢？

这个世界总是有各种各样的机会，淘宝店火过，公众号火过，如今直播正火……每个人都觉得，我只要抓住一个机会，就可以"咸鱼翻身"。

然而，真正"火"的人总是极少数。

这世间从无捷径。有些人如昙花一现，过早地用完了自己的好运气；有些人德不配位，一夜之间跌落神坛。"只有当潮水退去时，你才能看到谁在裸泳。"在你的翅膀无力驾驭的时候，"潮水"带来的巨额财富、巨大的成功终将成为一场灾难。当潮水退去时，"裸泳"的人终要付出代价。

敬畏是对自己最好的保全。

自主书写刻意练习：四个书写基本方法

书写是一场自己与自己的对话。在这里，我们和真实的自己坦诚相见。

在自主书写的刻意练习中，有四个最基本的书写方法。书写的方式可以帮助自己更好地看向自己的内心——温柔地探索自己，尝试理解、陪伴自己，与真实的自己相遇。

方法一：书写后朗读

建议在你每一次完成书写后给自己留出一些时间朗读自己的文字。这是一项非常重要的练习。书写时，你只是将内心的感受一股脑儿地倾倒出来。而朗读会让你更加真切地听到自己的心声。记得要在你的情绪稍稍平复之后再进行朗读，至少在朗读之前先伸个懒腰、站起身倒杯水。这会帮助你跳出书写时的状态，重新面对你自己。

在朗读的过程中，你可以细细地体会自己的情绪的微妙变化。有时候，你会与自己写下的内容产生共鸣，有时候，你可能会为自己写出了这样的话感到惊讶。自由书写更容易使人进入无意识的状态，而朗读可以把你带回现实，成为照亮意识的光。

方法二：改变人称

书写时，我们最常使用的人称自然是"我"。"我今天经历了……""我发现了……""我此刻的心情是……"是常见的表述。在我们遇到困惑不得开解的时候，使用第一人称容易使自己陷入思维和情绪的死循环中——写得越多，越会在"牛角尖"里出不来。这时候我们可以尝试用第三人称进行书写。最简单的方式就是用自己的名字代替"我"，比如，"心悦今天经历了什么？她在和同事发生争吵的时候心里想着……"人称的改变意味着视角的改变，这能够帮助我们跳出来看待发生的一切。你还可以假设自己拥有了一个新的身份，比如，我现在是自己的母亲，我现在是十年后的自己，我现在是那个我憎恨的人。你可以尝试以这样的身份书写当下发生的事，从不同的角度看向自己的心。

方法三：提问－回答

提出问题是通向答案最近的路。当你的大脑一片混乱、毫无头绪的时候，你可以尝试问自己几个问题。你可以先准备一个问题清单，然后针对清单上的问题依次做出回答。注意，提的问题要尽量具体，不要过于空洞。你可以参考任何一本书里的有关提问的技巧，重要的是你要提出你的心想要问的问题，而非头脑罗列出的问题。"提问－回答"是自己和自己的对话。你也可以使用改变人称的技巧，比如，让自己成为一名记者或未来的自己，你需要带着这些新的角色提出问题，然后再做回自己，一一回答。

方法四：自我批注

很多时候，我们的心情和思路并不清晰，它们需要整理。书写的过程只是整理的开始。如果带着纷乱的心情书写，写下的必是凌乱的文字。如果怀着复杂的心事书写，呈现出来的多是前后矛盾的内容。自我批注就是对内容的二次整理，即一段一段地再次阅读自己书写的内容，写下新的感受和观点。我不建议在书写后立即进行自我批注。你最好在一天之后，或者更长的时间之后回头再看。你也可以每隔一段时间用不同颜色的字体批注同一个内容，记得留下书写的日期和每次进行批注的日期。让发生在自己内心的那些变化、反复和感悟变得"可见"是书写刻意练习的重要成果。

电视剧《三十而已》中，高奢品牌店店员王漫妮因为工作表现出色，获得了坐游轮游欧洲的奖励。她的好友告诉她，坐游轮旅行时一定要升舱，王漫妮心动了。上了游轮之后，王漫妮终究抵不住诱惑，用信用卡透支了 18 000 元升舱。她在豪华舱位专属的自费餐厅吃了一顿饭，又在那里的酒吧里点了一杯酒。虽然饭和酒的味道并没有她想象的那么好，但和自己每天服务的客户平起平坐、一起享受生活，让她感觉非常满意。

有人说王漫妮透支 18 000 元不仅仅是在单纯地追求享受，也是在赌自己的运气。她是在赌自己可以发掘几位潜在客户，更是在赌她能在豪华舱位遇到自己期盼已久的"白马王子"。可是当"白马王子"真的坐到她的对面的时候，"白马王子"一眼就看出了她不是这个舱位的人。微醺的王漫妮衣着得体、风情万种，她不明白为什么自己会被一眼识破。她不解地问："为什么你觉得我不是这个舱位的人？""白马王子"看着她，不动声色地说："这个舱位的女人是不会在高跟鞋上贴底胶的。"

此时镜头不经意地滑过桌子底下，王漫妮的双脚下意识地交叠在一起。她的高跟鞋的底胶上写着一个大大的"穷"字。

尴尬的"精致穷"

在网络上，人们把宁愿花光积蓄甚至透支信用也要在某个时刻、某个方面体现自己的"精致"的现代人称为"精致穷"一族。他们往往在衣食住行方面追求"精致"，但却能力有限，无法完全满足自己的心愿。

在大城市里，这样生活的人随处可见。他们在市中心的高档写字楼上班，习惯了喝着咖啡工作，偶尔会买奢侈品牌的包包、套装应付在工作中接触到的高端客户或重要的场合。有时候他们会铺上精心布置的台布，做一份有牛油果的早餐，再拍个照片发到朋友圈，只为让自己在朋友圈里足够"精致"。当然，他们平常住的是普通的出租屋，通勤的常用交通工具是地铁，回家晚的时候也会在路边吃碗麻辣烫。一到过年，回到老家的他们就从 Merry 变成了翠花，从 John 变成了柱子。他们就像电视剧中的那个没有爱情、没有房、住简陋的出租屋、吃盒饭、在高级奢侈品门店做店员的王漫妮一样。

"精致穷"一族的确能够靠自己的努力触摸到"精致"。他们出入于最高端的写字楼,坐过名车,见过大人物。他们时常到咖啡厅享受咖啡和钢琴演奏,出差时住过五星级酒店,也享受过公司在年终奖励的出国旅行。这些精致的生活,他们在现实中的确真实地拥有过。他们"竭尽全力"地"享受精致"不过是为了让自己能感觉"自己可以留在这个地方"。

但他们也是真的"穷"。每月的房租是最大的开销。为买一个名牌的包包,他们需要攒很久的钱。每天的咖啡,也需要优惠券的帮忙。他们撑不起方方面面、日复一日的精致。

令他们尴尬的是,他们也无法让自己回到"翠花"的状态。那个地方也已经没有了他们的位置。他们和"翠花们"也没有了共同的话题。毕竟,他们享受过咖啡的味道,登上过头等舱的高层甲板,那里真的可以让人望得更远,那里的海风也真的能够抚慰人心。

对于"精致穷",网上的看法分成了两个极端。支持的一方认为,我花的是自己的钱,旁人无权干涉,即使超前消费我也要撑起精致,这是在维护我的尊严与志气。反对的一方则认为,既然"穷",就先不要考虑享受了,还是先解决好眼前的问题吧。"穷人"怎么可能"精致"?早晚会露馅儿!

其实,真正因花钱给自己撑尊严而让自己陷入财务危机的人，毕竟是少数。然而，"精致穷"这样一种尴尬的生活状态，已经或多或少地出现在了很多人的生活中。我们来到一个一日千里的大都市，想靠自己的努力在这里立足。理想触手可及，就环绕在我们周围。然而，现实的起点就隐藏在身后，一刻都没有消失。理想自我和现实自我每一日都在交替出现。"精致穷"不只是为了满足虚荣心的刻意之举，它更像是一种赤裸裸的、被撕成两半的生活状态。

前方是走不进的城市，背后是回不去的故乡。

在现代都市的理想荒原中不忘初心

理想自我，是自己真正想成为的人。

心理学家罗杰斯认为每个人都有内置的动力，随时都可以最大限度地挖掘潜能，他把这称为自我实现的趋势。理想自我就是自我实现的方向。

几乎每个人小时候都写过一篇题为《我的理想》的作文。我们想成为谁？在过去，信息还没有那么发达，我们的眼界也没有那么开阔。理想自我都是就地取材的结果。我们身边的人是什么样子的？我们听说了什么样的事？于是，我们想成为老师、医生、军人、科学家……之后，我们会在自己的人生道路上遇到重要的人，我们会把他们放进自己的心里，将他们作为自己理想的样子。我们一步步地成长，一点点地变得更加清醒，一步步地靠近自己的理想。每个人的人生都有冥冥之中的指引。

现在的理想之路却大不相同。

年轻人的理想变得统一而迫切。不管他们身处何处，天赋如何，他们的理想都变成了"一夜暴富""成为明星""成为精英"。在如此开放而多元的时代，人们的理想却变得如此单一而直接。

现代社会似乎变成了精神的"荒原"。理想自我不再是一个个真实而鲜活的生命的涅槃，而变成了流水线上的一个个豪华的礼盒。

理想本该是"精致"的，它应是我们内心最宝贵的财富。精致应该是内心笃定的热爱，是纷扰世界里的一份从容。精致应该是一日日地精进和蜕变，是"活生生"的自我实现的生命过程。真正的精致是丰盈的。

"打工人"的现实自我

现实自我，是现实生活中的自己。

以"早安，打工人"为主题的短视频在网络上流传开来。

"打工人"瞬间成为年度最热的自嘲用语，仿佛一夜之间，各行各业的上班族都通过"打工人"一词建立起了有关身份认同的共识。

年轻人中曾经流行过很多有关自我状态的"身份标签"。这些标签都反映着大众对现实自我的认知。"打工人"一词戏谑却清醒，没有逃避，没有对抗，亦没有挣扎。这个词既反映了年轻人对"成功"的否定，也传达了他们对向上流动的绝望。这是对自我身份和真实境遇的无奈接受，也反映着自我理想的破灭。

于是"打工人"发明了"摸鱼哲学"，以求在日常生活中得到一点点自我解放。他们提出的"打工三件套"包括早退、"摸鱼"和迟到。他们似乎在用这样的方式给自己留出一点"呼吸"空间。从前些年盛行的励志鸡汤到如今"摸鱼"的"打工人"，这的确是一次剧情的大反转。从热火朝天的"精英梦"到跌落人间拥抱现实的"打工人"，恐怕如今"精致"已变得让人提不起兴趣了。

奥地利精神分析学家梅兰妮·克莱因在其理论中提出了两个位置，它们代表内心世界的两种体验——偏执位和抑郁位。人在偏执位时往往以非此即彼、非黑即白的态度看待世界，他们要么认为自己一无是处，要么认为自己无所不能。处于这个位置的人总是呈现出焦虑的状态。而当人进入抑郁位的时候，人就会跌回现实，在面对全能感的丧失时，他们充满迷茫。当他们慢慢平静下来以更成熟的视角看世界时，他们会发现人生总是好坏参半，自己对他人的情感总是爱恨交织，他们还会认识到现实并不意味着理想彻底失去了实现的可能性。在这种迷茫里给自己留出空间，而不是彻底消沉，才能让自己重新找到自我实现的路。

"摸鱼"并非现实的出路，颓废很可能会让自己走向另一个极端——完全放弃自我实现。这又何尝不是一个悲剧呢？

要不要一起喝咖啡

"精致穷"也好，"打工人"也罢，它们都反映了现代人在理想自我和现实自我之间的徘徊和挣扎。我们在不断地拷问自己的内心："我是谁？""我从哪里来？""我要到哪里去？"

一位清华大学的教授曾在一次演讲中指出，教育的价值其实并不是将孩子教育成多么伟大的人物，而是让孩子认识自己，接纳自己，让孩子在自己喜欢的领域内做自己认为有价值的事情。她说，自己的孩子正在势不可当地成为一名普通人。听完了她的演讲后，很多朝九晚五、疲于奔波的普通人在一开始似乎得到了一些宽慰，但转过神来，又觉得哪里不对劲。如果清华大学的教授的孩子正在成为普通人，那么我们这些普通的"打工人"又该如何选择呢？另一位教授一语道破了玄机，他说，清华大学的教授所说的"成为普通人"的意思是"维持现状"，而不必再去追求更好的状态。而她的"现状"，可能正是大多数普通人的梦想。

记得早些年，一篇题为《我奋斗了 18 年才和你坐在一起喝咖啡》的文章引发了亿万网友的热议。作者用自己十几年的经历，揭示了寒门学子通过努力改变命运的不容易，以及命运改变后他的那种矛盾、复杂的心境。生活如此不公。每个人都有自己的起点，有自己的起跑线。这是我们无法否认的事实。可是生活又很公平，因为每个人都可以通过自己的努力，通过向上攀登，实现自我价值，奔向自己想要去的地方。只是人生是有时限的，你可以实现的终归是你的有限的人生里的那一些可能性。而欲望却没有止境，在你通过努力坐上头等舱后，你就会想要拥有私人飞机、私人航线。清醒地看到自己的理想和现实，想清楚自己是不是真的想"喝咖啡"、想和谁一起喝咖啡，想清楚自己能付出多少时间和代价去赢得这一杯咖啡。这些都需要智慧和勇气。

你想成为什么样的人？你想过什么样的人生？你最在乎的又是什么？若"精英梦"已经破灭，"打工人"的现实又如此艰辛，你会怎么办？

除了"精致穷"，生活是否还有其他的可能性？

奔赴理想

现实是理想的起点，理想是未来的现实。

想成为精英、明星，想拥有奢侈品，这些都是外部的诱惑和标签。你也许幻想着这些标签能带来各种满足感。这些你幻想出的满足感往往根植于你内心的"匮乏"。如果一个人曾因贫穷而自卑，那么他一定渴望成为有钱人。同理，有的人认为自己如果当上了精英就可以被尊重；有的人认为自己如果拥有了奢侈品别人就会羡慕；有的人认为自己如果当上了明星就会有很多粉丝爱自己。还有一些人从小就是他人的希望，他们背负着父母的期待，即使获得成功也难掩内心的空虚，因为他们拥有的一切并不是他们的内心渴望的东西。

真正的理想是和自己内心的真实的情感和愿望相连的。你是真的喜欢喝咖啡还是喜欢喝咖啡带给你的某种优越感？你是想成为明星还是热爱表演？你的热爱是否可以穿越漫长的寂寞？一个人的真正的理想是不需要依靠他人的目光来维持的，也无须获得他人的"认证"。做自己喜爱的事、发挥自己的潜能本身就已经足以让自己的身心得到滋养。

实现理想是有路径的，理想需要被分解为一个个的目标。

理想是由一个个目标承载的，我们需要依据目标的实现情况不断对其进行调整。一开始，理想是动态的，甚至可能是模糊的。但目标是具体的、确定的、可实现的。理想一定要落在目标上。通过实现目标我们可以对理想加以验证。否则，理想就会成为无根的浮萍，会成为空想。我们总是在通过实现一个个目标来一步步地靠近理想。

奔向理想的过程本身就很有价值。

理想的魅力就在于它是一个灯塔。即便由于种种原因，你的理想最终没有实现，但是理想中蕴含的价值已经在你追求理想的过程中实现了。你可能最终没能成为舞蹈家，但是你成了一名幼儿舞蹈老师，你在培养着未来的舞蹈家。你可能一生都没有机会和巴菲特一起喝咖啡，但是你成了一名非常优秀的理财顾问。你的客户说："你简直就是我的巴菲特！"在追求理想的一路上，你收获了点点滴滴的满足、满满的欣慰，实现了自己的价值。

精致的理想是荒漠中的绿洲、暗夜里的星辰，是永不磨灭的精神之光。

"到达"是一条漫长的心路

一张车票可以让人在一夜之间到达城市的中心。一个机遇可以让人未经颠簸就来到自己梦寐以求的位置。一张试卷可以改变一个年轻人的命运。一桩婚姻可以让一个人离开自己的原生家庭生活。然而，这些都不是真正的"到达"。

心理治疗师比昂很喜欢用数学符号来解释人的内心发展过程，他试图建构如同数学方程式般精确的心灵发展过程，因此制作了一张心灵发展的"网格图"，以描述心智的细致变化。他说心灵的成长是人通过面对现实实现的。人探索现实，也被现实阻碍，人在这个过程中实现了人生的蜕变。

"网格图"显示，人的内心发展过程是从内心产生大量不能被命名的原始感受开始的。这些感受非常隐秘，人们无法言说。如果一个婴儿感受到莫名的痛苦，他就会大哭一场。面对莫名其妙的烦躁感，我们会不可避免地想逃跑，想把这些烦躁丢出去。如果我们的身边有一个能够接纳我们的人，或者能够接纳我们的环境，那么我们丢出去的负面感受就会被接纳，我们会获得一种安定的感受。这种感受会使我们产生新的感觉，这些感觉会转化为我们对于环境的一种微妙的情感。带着这些并不清晰的情感，我们继续回到现实生活中不断地经历，慢慢地产生新的感觉，最终我们有了一些领悟。这些新的感觉和领悟再被推广到其他事及人身上，使我们看到了一些共性，最终发展成了我们的观念或信仰。这时候我们已经可以对那些最初的原始感觉——进行总结并形成"意义"了。我们的情感也开始变得有了深度和质感。就这样，在和现实的来来回回的接触中，内心的感觉终于"到位了"，这才算是真正的到达。

这个复杂的过程就好像是你爱上咖啡的过程。你刚刚毕业，在高档写字楼上班，满眼的繁华让你感到惶恐不安。为了抵挡这些莫名的烦躁，你找到了一根救命稻草——咖啡。你在手里端上了一杯咖啡，你用这样的方式让自己感觉正在融入这个陌生的世界。于是咖啡的味道渐渐地成了你的安慰剂。接下来，你遇到了一个不错的上司，你对环境慢慢地熟悉了，也逐渐胜任了工作。然后你对这杯咖啡的感觉变得复杂起来。你习惯了豆浆和油条的胃可能开始向你抗议，你渐渐地觉得每日点咖啡也是一种经济负担，可是你发现办公室里的大家都在说，咖啡还是要喝手工研磨的，外面的咖啡店的咖啡口味差很多……你必须面对现实给你带来的冲突。最终，你彻底弄懂了卡布奇诺和拿铁到底有什么区别，也搞清楚了自己的胃疼到底是不是由于自己过度饮用了咖啡。对于自己到底要不要端上这杯咖啡，你终于有了自己的决定。而此时，对于咖啡和有关咖啡的一切，你已一一经历、一一感受、一一见证过了，你站在写字楼的门口，风轻云淡，你内心从容。你终于开始属于这个地方了。

我们去一个新的世界，真正难的并不是路途，也不是分数，更不是银行卡上的数字，而是我们在这个新世界里要经历的一切情感过程。所有的精致，都是内心经历了千百回的打磨的结果。

直到与手中的那杯咖啡和解，你才算真正"到达"了这里。

自主书写刻意练习：让书写见证你的蜕变

书写的刻意练习，是一个需要坚持的过程。虽然偶尔尝试也可以让自己得到一些慰藉，但要获得真正的成长和内在的转变，你需要长期的练习、有纪律的坚持，以及有效的方法。

书写练习的阶段性方法有哪些呢？

设置主题

设置主题是学会自由运用书写的四个基本功之后的刻意练习阶段，其目的在于就某一个主题进行持续性输出和整理，以完成这个部分的内在认知和情感的整合。主题可以是现实问题，如职业选择、亲子关系、伴侣选择等，可以是某一个情感主题，如某一事件的心理影像、一个心结、对某个人的情感等，也可以是随意的一个主题。这一阶段要求你在一段时间内，坚持每天输出一个主题，你可以不规定范围，但要保持一定的时间连续性。

定期复盘

复盘是对刻意练习的一个阶段性整理，是对练习过程的回顾，也是对自我内在的发展的回望和总结。在复盘时，我们可以关注自己的表达方式、内在状态的整体变化，也可以回顾对某一个主题的认知和情感的变化脉络。复盘可以在刻意练习达到一个月、半年、一年时进行。内心的变化一般不会快速发生，因此复盘不宜过于频繁。

参加书写团体

　　书写团体是一种刻意练习的集体形式。书写团体分为治疗性书写团体和非治疗性书写团体两种。非治疗性团体的主要功能是相互交流、彼此鼓劲，比较适合初学者——他们往往难以独立坚持，需要利用集体的力量帮助自己养成书写习惯。他们也可以在分享中坚定自己的信心。治疗性团体比较深入，会涉及个体内在的比较隐秘的部分。治疗性团队需要遵守专业的心理学设置，比较适合有深度探索内心世界的欲望、想要深度成长和治疗心理创伤的人。

摘抄与删除

　　摘抄和整理，是对自己的书写记录的一种提炼，也是对内在世界的一种整理和升华。完成摘抄和整理后，我们还可以对书写记录进行删除或销毁。这种清理一般发生在重大的现实改变之前或之后，比如，即将结婚生子、告别了一段关系。这种清理的意义在于见证内心的重大蜕变。所以，我们要用一种有仪式感的方式与自己的书写内容进行告别，不要冲动而为，避免造成遗憾。

第 3 篇

无焦虑不人生

探索这头大象的过去与现在。

幸福的人一生都在被童年治愈，不幸的人一生都在治愈童年。

相信童年幸福的你此时将会心一笑，心想："是啊，童年很美好，那些充满爱和快乐的时光是我取之不尽的力量源泉。"

幸福的人的特征如下：

他们拥有让自己感到温暖、感到充满力量的父母；

他们的内在有安全感，容易找到自己的精神归宿；

他们相信自己的价值，对生活充满信心；

他们积极乐观，信任他人；

他们即使普通，也坚信自己有价值；

他们可以设置合理的界限，既享受交往又不害怕独处；

他们比较懂得自己调节情绪；

他们珍惜自己，愿意为实现自己的价值而努力。

而童年不幸的你，也许此时会黯然神伤。你在心里说："我小时候没被疼爱过。一个人熬过了一个又一个无边的深夜。"童年是你不愿忆起的过往，你到现在也不知道如何去爱别人，以及如何面对别人的爱。

不幸的人的特征如下：

他们可能害怕和父母互动，总是想方设法逃避父母；

他们每次和父母谈话时都会感到心灰意懒或暴躁易怒；

他们难以相信自己和身边的人；

他们经常会出现焦虑、抑郁、羞耻感、内疚感和罪恶感等复杂的情绪；

他们难以设置合理的界限；

他们对自己有很多负面的评价，不认为自己值得拥有有价值的东西；

他们在情绪调节方面有困难，经常情绪失控；

他们会自我伤害或在人际交往中做出损害自己的利益的行为。

看到这里，你也许会对号入座，感叹自己就是那个受伤的小孩。有的人也许会追问："到底什么样的童年才是好的？我自己的童年算不算正常呢？"

其实，世界上并没有完美的童年。幸与不幸之间也并不存在一个严格的界限。几乎每个人终其一生都在寻觅童年时自己渴望的，或者缺失的东西。所以，我们与其问什么是"正常的"，不如问怎样做才是"有效的"。我们如何才能把童年留给我们的"资源"用好，活出精彩的人生呢？

童年是人生的底色

我们都在冥冥之中走上了一条独一无二的人生之路。

我们内心深处的童年经历就像是被封存在黑匣子里的生命密码，它一直都在潜移默化地影响着我们的思想和行动。无论是在生理方面还是在心理方面，童年时的经验都是一个人的生命基础。儿童时期的感知是清澈而真挚的，对于我们接收到的东西，无论我们是不是理解，能不能记住，我们都会保留在潜意识里，使它们累积成我们生命的底色。

随着脑科学的发展，科学家们发现，我们出生后的头一年的记忆会被保存在杏仁核里成为一部分内隐记忆。这些记忆很难被具体化，是非言语记忆。例如，如果一个人在童年早期常听到父母激烈地争吵，那么那种紧张的氛围和焦虑感会在他的生命中留下深深的烙印。例如，如果一个人曾经经历过恶性冲突，死里逃生，这些创伤也会让他终生难忘。这些情绪和身体的直觉，都会化为内隐记忆存储在大脑的杏仁核里。内隐记忆中的不安、恐惧总是会在一些时候悄悄地

"释放"出来，比如，每当他遭遇冲突时，他会莫名地感到慌张；当他面对亲密关系时，他总是会莫名其妙地情绪失控，不断地因为一些小事与伴侣的争吵。这是因为在他的心灵深处，总是有挥之不去的争吵声。

伤痛是这样，渴望亦是这样。

在真正揭开自己童年的秘密后，你会发现自己无论走过了多远的路，最终都会回到童年时的家。在我小的时候，家里有一张大大的书桌。我经常一个人坐在桌前，透过窗户，看路过的行人和街道上发生的故事。窗子通常是关着的，我听不到外面的声音。此刻的状态就好像是一个人在观看默剧。但我总是能自得其乐地编出一个长长的故事，这让小小的我忘记了那些没人陪伴的时间。后来，我离开故乡，外出读书、工作、生活。我经历了很多次工作的变动。直到有一天，我走进了北京电影学院的孟中教授的编剧班，孟老师说："去写你的童年，去深挖你的童年。童年是一切原创作者的故事的开始。"我突然明白了童年的那扇窗，以及那些默默上演的故事的意义。

我们都需要温暖的"绒布母亲"

童年是我们遇到爱、得到爱的开始。

无论你怎样界定爱，你都不得不承认生命最初的爱对我们的一生有着巨大的影响。心理学家们常常在探索的正是什么是爱、我们从哪里能得到爱、爱是如何起作用的。

发展心理学家亨利·哈洛（Harry Harlow）设计了著名的恒河猴实验。从生理学角度来看，恒河猴与人类非常接近。心理学家们为小猴子们制作了两个"母亲"，一个"母猴"是用光滑的木头做成的，木头外包裹着海绵和绒布，"她"的胸前放着一个奶瓶，身体内还安装着提供热量的灯泡；另一个"母猴"是用铁丝网制成的，其外形与"绒布母猴"基本相同，也具有喂奶和提供热量的功能。心理学家们开始观察小猴子们和这两个"母猴"之间的依恋关系。令人惊讶的是，猴子们极其偏爱"绒布母猴"。即使是那些由"铁丝母猴"喂养的幼猴也是如此。所有的幼猴都更愿意和"绒布母猴"待在一起。无论是由"铁丝母猴"喂养的幼猴，还是由"绒布母猴"喂养的幼猴，都会在它们害怕的时候跑到"绒布母猴"那里。由不同"母猴"喂养的小猴子的食量同样大，它们的体重增长速度也基本相同，但是，由"铁丝母猴"喂养的幼猴对牛奶消化不良，经常腹泻。这说明，缺少了"绒布母猴"的温暖的、柔软的安慰，幼猴产生了心理上的紧张。

研究者又让已经可食用固体食物的幼猴与"母猴"分离了30天，当幼猴和"绒布母猴"再次重逢时，它们冲向"母猴"，爬到"母猴"身上，紧紧地抓住"母猴"，用自己的头和脸在"母猴"身上摩擦，然后撕咬"母猴"身上的绒布，与"母猴"玩耍。它们不再像以前那样愿意离开"母猴"去探索房间里的其他物品了。它们紧紧地依偎在"母猴"身边。此刻，对安全感的需求比探索的需求更为强烈。它们像极了一个个害怕再次被抛弃的孩子。

其实每个人的童年都是如此。我们都需要一个"绒布母亲"。她们温暖、稳定、宽容，永远会安静地给我们提供生理和心理上的支持。而"铁丝母亲"虽然也会给我们煮饭、供我们读书，可是我们很难从她们那里得到温暖。我们小的时候都害怕离开母亲。寻找"绒布母亲"是我们的天性，我们渴望爱。几乎所有的焦虑和恐惧——害怕被抛弃、害怕分离、害怕自己不够完美、害怕失去——背后都是有关爱的记忆。

依恋与亲密关系

心理学家带着从猴子那里得到的结论观察了母亲和婴儿之间的互动，发现了母婴之间的三种依恋模式。 这是"爱"的不同的模板。

安全型依恋

安全型依恋的婴儿似乎同时拥有两种能力：在感到安全的时候，他们能随着自己的冲动去探索周围的环境；在感到不安全的时候，他们能自然地回到母亲身边寻求安慰。安全型依恋的婴儿不管在分离时感到多么难过，当与母亲再次相聚的时候，他们几乎瞬间就得到了安慰，而且他们很容易被安抚。婴儿的这种灵活性和复原力是通过与母亲互动收获的，安全型依恋的婴儿一般拥有足够"敏感"的母亲，这样的母亲能够对婴儿发出的信号和发起的交流进行恰当的反应。例如，如果母亲发现婴儿在哭泣，母亲会立刻温柔地抱起他，但是母亲只会在婴儿希望被抱的时候这么做，这些母亲能够顺畅地将自己的节奏与婴儿的节奏很好地结合在一起，而不是把自己的节奏强加给婴儿。她们敏感而不焦虑，选择接纳而不是拒绝，偏向于合作而不是控制。

回避型依恋

回避型依恋的婴儿在陌生的环境中仍然看上去出奇的"冷漠"。无论是面对母亲的离开还是面对母亲的归来，他们都无动于衷，只是不停地探索周围的环境。他们这种明显缺乏痛苦的表现很容易被错误地理解为平静。实际上，在分离场景中，与那些看上去很难过的安全型依恋的同龄人一样，回避型依恋的婴儿的心率也加快了，并且他们的皮质醇水平在实验过程的前后都明显高于安全型依恋的婴儿。这表明他们是焦虑的。回避型依恋的婴儿表面上的冷漠实际上是一种防御性的适应。研究者观察到，回避型婴儿的母亲会主动拒绝婴儿想要联结的请求。这些母亲在孩子看起来很悲伤的时候会出现退缩行为，她们会抑制情绪的表达，并对身体接触表现出厌恶，在出现身体接触时她们有些粗鲁、唐突。

矛盾型依恋

　　矛盾型依恋的婴儿分为两种，其中一种婴儿常表现出生气的状态，另一种婴儿则很被动。这两种婴儿都对母亲在哪里太过于执着，以至于无法自由探索。他们在母亲离开时也都会表现出巨大的淹没性的悲伤。在和母亲重聚时，第一种类型的婴儿的反应是在联结与拒绝之间来回摇摆——他们又想要母亲的安慰，又想要挣脱母亲的怀抱。他们大发脾气！与此相反，被动型婴儿会很胆怯或含蓄地向母亲寻求安慰，好像已经难过得无法直接接近母亲了。和母亲之间的并不愉快的重聚，既不能缓解矛盾型婴儿的悲痛，也不能终止他们对母亲的行踪的时刻担忧。即使当母亲在场的时候，他们似乎也一直在寻找一个缺席的母亲。矛盾型婴儿的母亲尽管并没有对婴儿表现出口头或身体上的拒绝，但对婴儿发出的信号不敏感，她们对婴儿的回应是混乱的，是前后不一致的。矛盾型婴儿的母亲还很难确立自己和婴儿之间的界限，这阻碍了婴儿的独立发展。这些母亲的内在心理状态非常不稳定，她们给婴儿的情绪反应是不可预测的，因此这些矛盾型婴儿只好采取混乱的、矛盾的方式，表达自己的依恋需求。为了使自己得到照顾，他们会持续地给母亲施加压力。

　　拥有安全型依恋关系的人不太容易受到焦虑的困扰，并且更有可能发展出舒适的人际关系和亲密体验。而回避型和矛盾型依恋关系的人的内心深处藏着不安，他们需要用一生治愈自己。

因爱而起的焦虑

焦虑是人对即将来临的、可能的危险或威胁产生的紧张、不安、忧虑、烦恼等不愉快的复杂的情绪状态。焦虑的客观目的在于引导人迅速地采取措施、调动资源，以有效地阻止恶化的趋势的出现，使事情朝着利好的方向发展。焦虑具有积极的意义。

有些焦虑来自外部现实

现实性焦虑是对现实中存在的挑战或威胁的情绪反应。这种情绪反应是与现实威胁相适应的，是一个人在面临其不能控制的外部事件或情景时出现的"正常"反应。现实性焦虑的特点是焦虑的强度与现实中的威胁的程度相一致，并会随着现实威胁的消失而消失，因而它具有适应性意义，比如，考试焦虑就是典型的现实性焦虑。考试越重要，压力就越大。这有利于个体动员身体的潜能和资源应对现实中的挑战、重新拥有控制感，以及有效地解决问题。

有些焦虑来自内心世界

精神分析取向的心理治疗师经常使用"客体""自体"等词来研究我们的内部和外部世界。客体指一个被爱着或被恨着的人、地方、东西、幻想物。客体包括外在客体和内在客体。外在客体是指真正的人、物、地方和东西，内在客体是指与客体有关的影像、想法、幻想、感觉或记忆。自体是一个与客体相对应的概念，指关于自我的内在的影像、想法、感觉或幻想。简单来说，客体关系就是指你所理解的"客体"和"自体"的关系。在童年早期，客体关系就是你与父母的关系。长大后，这个关系就会变成你与同事的关系、你的亲子关系、你与事业的关系……你和这个世界的所有关系都反映着你心中的有关爱的最早期的体验和记忆。

如果这些体验和记忆是安全的、舒适的，那么你与世界和他人的关系也将是和谐的。如果你拥有一个"绒布母亲"，你就能把自己活成那份温暖。然而，如果这些早期体验存在问题，你就会不断地感到危险或威胁，你觉得紧张、不安、忧虑、烦恼……养育过程中的关系问题带来的焦虑很容易被现实问题触发。这是因爱而起的焦虑。那些无具体原因的紧张不安、无现实依据的末日感或大祸临头感都来源于缺少"绒布母亲"导致的与爱失联。

爱出爱返，心身安顿；爱而不得，心生焦虑。

修改你人生的剧本

与爱失联的灾难性后果是深植于内心的消极信念。

核心信念是一个人拥有的对自己、对他人、对世界的认知。我自己是不是有价值、是不是值得被爱？他人是不是可以信任、会不会帮助和支持我们？世界是友善的吗？一切问题是不是都有解决方案？这些都是我们内心最深处的核心信念。

童年时期，我们的心灵是一张白纸。核心信念在童年早期就会形成，它们是这张白纸上的最初的印记。核心信念形成以后，个体会不断地维护和巩固已经形成的核心信念，无论这些信念是积极的还是消极的。核心信念的维护和巩固需要依靠一定的机制，简单来说，这套机制就是在核心信念的控制下，对外部的信息、事件和情境进行选择性注意。个体有意无意地注意那些与核心信念一致的信息，忽略与核心信念不一致的信息。如果做不到忽略那些不一致的信息，人们就对它们进行歪曲、否认或拒绝。而那些符合我们的核心信念的信息会被存储在记忆中，被长久地保存下来。久而久之，每个人独特的经验结构就形成了，这在认知心理学中被称为"图式"。图式就是你的人生剧本。图式一旦形成就很难发生改变，除非发生重大的、对你产生颠覆式的影响的事件。

照此看来，假如一个被过度保护的孩子在潜移默化中形成了一个核心信念——"我是脆弱的"，那么能够验证"我是脆弱的"这一信念的事件就特别容易被他记住，而能够证明他也可以胜任、他也有力量的事件很容易被他排斥在记忆之外，即使这样的事件发生了，他也根本不敢相信，只会把它归结为运气。而外界对于他的评价和反馈，诸如"你可以的"，也会被他解读为"这只是对我的安慰"。核心信念就像一个指挥棒，指挥着我们去理解世界、解读他人的反应。核心信念也像一个有色眼镜，决定了我们看到的世界的样子。

有人说，人的改变终归是思维方式的改变。从某种意义上来说，情况的确是这样。如果我们内心深处的核心信念发生了变化，那么我们看待世界、思考问题的方式也会发生改变。如果我们开始相信自己是有价值的、开始相信爱，那么当我们再去面对社会的时候，我们的生活就会发生改变。这相当于修改你内心的剧本，重写人生。

然而，改变一个已经形成的核心信念并不容易，冰冻三尺非一日之寒，又怎能一蹴而就？所有的幡然醒悟，也都不过是跋涉万水千山后的一个转身罢了。

重新找回失落的自己

如果有人递给你一颗柠檬，你会怎么办？

也许你的本能反应是强忍酸涩嚼下去。其实你可以做的事还有更多，比如，你可以切片、榨柠檬汁，把它变成好喝的饮料；你还可以削下柠檬皮，将其做成柠檬调味料或柠檬味道的饼干；有的人想把柠檬种子种下去，建立一个柠檬种植园；你还可以把晒干的柠檬皮装进网袋，放进汽车、衣柜和抽屉里当气味清新剂；有的人把柠檬当作临摹的对象或者拍摄的对象，期待创作出好的作品；有的人立志研究和开发柠檬的各种新用途……也许最初他们都只是为了抵御这酸涩的味道罢了。

不幸的童年，其实就是命运递给你的这一颗柠檬。你总可以用自己的方式与命运和解。

放弃幻想，不要再寄托于外

我们都渴望拥有能够理解自己、懂爱、会爱的父母，渴望变化能够从天而降。然而，只有放弃这些期待和幻想才是走出痛苦的开始。

放弃幻想并不容易，因为你对爱的期待已经慢慢延伸到了生活的方方面面，比如，你希望上司可以用你想要的方式对待你，你总是期待世界变得公平有序。当你不能达成愿望的时候，你就会再次跌入到对自己的轻视、贬低和厌恶中。你好像进入了一个负向循环的怪圈。为什么他们不会？为什么他们不能？为什么他们不知道自己的错？为什么他们不改变？为什么世界如此不公平？这些"为什么"都是心存幻想的结果。

你需要放弃幻想，放弃对改变现实毫无作用的态度和行为。你要深刻地看到自己是如何尝试控制生活中的其他人的，是如何追逐不可能实现的爱情的，是如何在亲子关系中重复同样的模式的。你只有彻底地放弃过去，才会有重新开始的可能。

在足够强大之前，建立适度的隔离

很多与父母相处困难的人会发现，自己在一个人的时候可以做出一些改变，但一旦回到和父母的关系里，自己就会回到原来的模式里。因此，在自己足够强大之前，你需要向父母刻意强调一下心理界限。你可以采用一些在物理空间上进行隔断的方法，比如，搬家、限制互动、控制交流时间的长度、强迫自己做出一些不同的行为反应。你要在自己真正强大和成熟之后，再去寻找成熟的相处之道。尽量不要用极端的手段——哭泣、咆哮、斥责、贬低和挖苦——指出他们的不足和失败。这些不仅不会起作用，还会让你感觉更糟糕。脆弱的父母还会由于无法面对而矢口否认，这也对父母的健康不利。

关照自己，标记自己的进步

学会爱自己，并不容易。如果你在过去的成长经历中没有体验过足够的爱，那么情况尤其如此。要对自己有耐心，接受自己的局限，做自己最坚实的拥护者。没有任何事情可以马上发生改变，所有的进步都需要我们付出艰辛的努力，并且进程缓慢。你要持续调动自己的内在资源和力量，不要轻易灰心。学会庆祝自己的进步、给自己点赞、标记自己的每一步成长。在这个过程中，你还要学会与痛苦和负面情绪相处，学会照顾好自己。一株生长在干旱地带的植物之所以能生存下来是因为它顽强地汲取空气中的水分，最终将根扎得更深更远。我们要学会像它一样，寻找天地之间我们可以利用的所有资源。

发现点滴的善良，铭记于心

我的一位来访者曾向我讲述过她在上初中时的一段经历。那时候的她孤单又敏感，数学成绩很差。有一天，她想去找数学老师讲评卷子，她一直等到所有人都问完走了，教室里没人了，才敢慢慢地凑上前去，小心翼翼地把一个四十几分的卷子放到老师的桌子上。数学老师很体谅她的心情，并没有批评她。老师正要给她讲解的时候，教室里突然闯进一个男孩子，他跑过来要跟数学老师说一些急事。此刻，这位害怕被看到成绩的女生心都要跳出来了。这时候，数学老师轻轻地用旁边的本子盖上了她的分数，若无其事地抬起头开始跟那个男生讲话。

来访者说，每当想起这个温暖的细节，她就会流泪。咨询时，我们花了很长的时间去回忆这件事，只为把这一份温暖留在她的心中。当我们的心底有了这样的暖色，我们的人生就会开始发生改变。

在生命的最后两个小时里，他无法理解为什么自童年时代起一直折磨他的恐惧感消失了。他无动于衷地听着冗长的指控，甚至没想到去展现自己刚刚获得的勇气……他想着他的亲人，并无伤感，只是在严格盘点过往时发现，实际上自己是多么热爱那些曾经恨得最深的人。

——《百年孤独》

自主书写刻意练习：从源头联结自己

（用手机微信扫描二维码，即可边听边做）

通过书写寻找童年的记忆，从源头联结自己，是一项非常重要的练习。对童年的探索性、治愈性的书写可以包括以下三个方面。

自我主体性的感知

你可以尝试使用"我是一只……"（某种动物）、"我是一株……"（某种植物）作为标题进行书写。你可以想象自己的样貌、特征、生活环境、生存方式，以及这一切的寓意。这种有关于自我的意象，透露出了你在无意识中对自己的理解。它更加接近你的生命的最独特、最重要的可能性。

书写你内在的受伤的小孩

我们可以使用学习到的所有技巧，诸如自由书写、五感书写、转换人称、写一封信，等等，书写自己的童年，重新和那些对我们影响重大的事件和人建立联结，尝试寻找并重新理解其中的意义。这样的书写可能会持续一段时间，不要担心重复（怎么我最近每天都在翻来覆去地写同一件事啊），不要给自己贴标签（我都这么大岁数了，怎么还不能原谅父母，我太不孝顺了）。如果你发现了一些无法理解的、有悖常理的、记忆不连贯的回忆，这里很可能存在一个童年的创伤点，你可以向专业的心理咨询师寻求帮助。当你对时间和空间的记忆都变得清晰而连贯，对往事也不再有强烈的负面情绪，并从中获得了一些意义和感悟时，你就完成了对童年的内心整理。

书写童年的美好事件

寻找童年的美好事件、温暖的画面、难忘的人也是一个重要的练习。这很可能与我们的愿望、使命有关，也可能蕴藏着巨大的资源和能量。书写是一次铭记，亦是一次感恩。美好的事件可以增加我们内心深处的有关正面经验的记忆，有利于我们坚定内心的积极的核心信念，让我们变得对生命更有信心。在书写美好事件时，要怀着真诚，不要为了完成书写而虚构或过分夸大事件。一开始回忆不起来也不要紧，你可以先从距离当下比较近的时间点开始，先让自己打开尘封的心扉，再慢慢推进到更久远的童年。

有关美好事件的书写内容特别适合朗读或转化为图画。请用上你内心所有的最美好的词句和你最温柔的声音，回到源头联结生命。

有一本畅销书叫《为何家会伤人》，它把"原生家庭"这个概念植入了大众心里。这本书讲述了，原生家庭会对我们造成伤害，父母是我们的伤痛的"罪魁祸首"。慢慢地，电视里也开始出现原生家庭题材的电视剧。从《欢乐颂》的半遮半掩，到《都挺好》的直奔主题，剧中情节都在控诉重男轻女的思想、吸血的家庭给女性带来的伤害。在自媒体的时代，关于原生家庭的话题不断发酵，最终成了一个热点话题。

"原生家庭"的概念，为何变了味儿

"原生家庭"是西方社会学中的概念，在以家庭治疗为代表的心理咨询领域也经常出现。西方社会把未婚子女与父母形成的家庭叫作原生家庭。而年轻人结婚后组成的新家庭被称为新生家庭，这样的家庭不包括夫妻双方的父母。在西方文化里，原生家庭和新生家庭之间应该界限分明，这体现了他们的生活方式。

在中国，原生家庭和新生家庭很难"泾渭分明"。我们强调"大家庭"。现在很多三代同堂甚至四代同堂的家庭仍然存在。如今，"小家庭"虽然越来越多，但很多年轻的夫妇仍然需要父母帮助他们照顾孩子、打理家务。与一方的父母共同生活的小夫妻也很多。我们习惯说"大家""小家"，有"大家"才有"小家"。我们不习惯说"原生家庭"和"新生家庭"。虽然原生家庭和新生家庭的概念在中国正在被大众了解，甚至备受推崇。但很多家庭并不具备"分清楚"的现实条件和必要的心理准备。

原生家庭≠有毒的父母

"原生家庭"本是一个中性词，是对家庭状态的描述，但最近这个词却被"情感化"，甚至"妖魔化"了。难道原生家庭中一定有有毒的父母吗？

这明显是一个极简单的逻辑错误。原生家庭里有有毒的父母，也有伟大的父母，更多的是普通的父母。但在大众的眼里，"原生家庭"这个词已经被"妖魔化"。一提起"原生家庭"，我们就心生"嫌弃"，甚至不寒而栗——父母似乎变成了猛兽，让人想要逃离。

原生家庭为何引发了如此多的热议

原生家庭就这样成了洪水猛兽。我们与其把责任归咎于某些人，不如说，这是集体无意识的选择。发声者不过是代言人罢了。

原生家庭是焦虑的出口

我们多数人并不习惯公开讨论和评价父母。这的确会导致一部分情绪被压抑。随着时代的变迁，我们的家庭观、婚姻观、生育观都在面临前所未有的挑战，我们的精神世界开始动荡不安。我们急需为这些焦虑、压抑找到一个出口。原生家庭，以科学心理学的名义，理直气壮地登上了历史舞台，顺便接了这个"锅"。我们就像青春期的孩子一样，开始把矛头指向父母，开始释放无处安放的荷尔蒙。

原生家庭是代际矛盾的出口

随着城市化进程的推进，代际之间的矛盾的确越发突出了——不想结婚的遇到了逼婚的，想享受生活的遇到了想省钱的。生活方式、价值观念的巨大差异让同一屋檐下的两代人变得"形同陌路""冲突不断"。本来需要几代人消化的物质文明与精神文明的成果，硬生生地被塞在两代人之间。物质水平上去了，精神的迭代显然还没跟上。似乎只要把这个心理包袱丢给原生家庭，我们就能得到救赎。

原生家庭是心理创伤的出口

其实拥有幸福的家庭的人没怎么顾上这个讨论。发出声音的多是压力重重的、受伤的人。这些人得到的家庭支持比较少，他们甚至受到过家庭的伤害。他们失去了与情感源头的联结，正好可以借着"声讨"原生家庭的机会抱团取暖。慢慢地，"原生家庭"给我们的心理问题找到了一个万能的"归因法"——"这都是你的错"成了最有效的抗焦虑药。于是，人们纷纷前来"服用"。群体一旦形成，做生意的、沽名钓誉的自然也纷至沓来。在商业的助推下，势态形成了。

所以，"原生家庭"只是个"背锅侠"。

"原生家庭"这个词承载了太多的东西——价值观的冲突、情感关系的断裂、对父辈养育模式的反思、女性主义的兴起、对家庭关系新模式的出路的寻找、对未来的不确定感和无意义感。它变成了一个"万能药"。

要不要对父母表达恨意

电影《春潮》中有一对非常压抑的母女，彼此折磨又无法分离。母亲一看到女儿就想这是毁掉我的一生的男人的血脉。女儿要亲手毁掉自己的生活，用过得不好报复母亲。女儿有一个内在的心理逻辑："我恨你，所以我要毁了我自己。"

这种在情感关系里相互纠缠的父母和孩子，在各自的内心里是不太分得清彼此的。在女儿眼里，毁了自己，亦是"消灭"了母亲。这个"同归于尽"的方式，就是典型的消极处理恨意的表现。

有些家庭的确"有毒"。恨意是真实存在的，伤痛也是真实的，而且影响深远。心理治疗，给这样的受伤的心灵，提供了一个治愈的机会。这个过程是漫长而复杂的，并不像"恨一恨"那么简单。大多数人对父母的恨意，其实并没有这么严重。大多数家庭生活，都是苦乐参半，我们与父母的关系，都难免爱恨交织。如何有效地处理和表达"恨意"，是一门非常重要的功课。

恨意的背后究竟是什么

恨意的最表层的意思，就是对自己过去的负面感受的累积，比如，在相处的过程中，我们可能遭受了父母的忽视，没有被公平对待。仅仅是小时候没有被好好呵护也足以让人难以释怀。也或者是哪一件父母都没太在意的事，给你造成了"伤害"。这些事都会使人产生恨意。而这些恨意是可以以适当的方式释放的，是可以通过表达化解的。能有机会和父母直接沟通当然是最好的，但即使我们没有机会去跟父母直接沟通，也可以采用其他的方式，比如，向朋友倾诉、书写、心理咨询等，进行消化。你也会在自己的经历中，比如，"养儿方知父母难"，慢慢产生新的感悟，从而与这些恨意和解。

　　我们要警惕，恨意的背后是否有对自己的责任的推脱。"因为父母当初没有给我好的环境，所以我才没能成功""因为父母经常吵架，所以我现在也特别不容易建立亲密关系"这种归因方式对于我们理解自己当下的处境有一些帮助，但人的问题的产生都是基于多方面的因素。简单地把问题归因于父母不仅会强化、夸大恨意，而且会使自己失去为自己负责的能力，导致自己把关注点放在过去、放在伤害上，"越想越恨""越分析越无力"。在这种情况下人们无法看到资源和机会，失去了前进的动力，无法看到自己该为自己的人生负的责任。

　　纠缠不清的恨意背后的更深层的因素，其实是期待，是对自己没有获得的那些爱的不甘心，是期待自己可以重新拥有，是期待父母能够知道、能够明白、能够道歉，甚至是期待父母能够变得和自己想象的一样好。可是时光不会倒流，人生也无法重来，父母终归不会变成你理想中的样子。你不过是在恨意里白白地浪费了自己的生命。

　　人如果不正视"恨意"、接受"恨意"，就会憋坏自己。太过于敏感和对"恨意"的强化，会让自己掉进"归因方式"的陷阱，形成情感上的隔离。而你若知道了，恨的背后其实是期待，是对爱的求之不得，你是否可以放手呢？

　　爱与恨本是同根而生，放恨一条生路，爱才能涌出来。

要不要与原生家庭分离

疫情期间，很多年轻人被迫与父母重新"同处一室"。他们平日里和父母居住在不同的城市，彼此相安无事，很少起冲突。但是他们由于疫情"被迫"住在一起以后，很多矛盾重新爆发。他们的心情也变得莫名的烦躁。好不容易养成的一些习惯又被打破了，年轻人又回到了和父母相处时遇到的那些困难里。在心理治疗中，特别是在对青少年的治疗中，我们也有一个发现。在咨询室里，青少年的表现已经发生了变化。但是他们一回到家里，重新与家长互动时，原来的症状和情绪问题就会重新出现。

很多人之所以特别想和原生家庭分离，其实就是因为这些问题会在自己和父母之间反复发生。而物理空间上的隔离使这一切得以缓解，于是我们以为只要与父母"分离"，问题就不会出现。这就是很多人喊着要"分离"的重要原因。

但空间上的分离真的可以解决问题吗？如果你冷静下来细细思量，你就会发现你和父母之间的相处模式，会反复地出现在你和领导之间、你和恋人之间，你甚至会在你的朋友身上也不可避免地找到父母的影子……分离是一种愿望，人希望通过分离的方式离开一些让自己不舒服的感受和让自己"痛苦"的环境。但是，如果你与人相处的模式没有改变，即使离开了父母，你也还是会吸引给你造成困扰的人。

真正让不舒服不再发生的是自我成长。分离是成长的一个自然结果。

英国心理学家克莱尔曾经说过：世界上所有的爱都是以聚合为最终目的，只有一种爱以分离为目的——那就是父母对孩子的爱。养育的过程，其实是让一个个体在生理上、精神上都不断独立的过程。我们所说的"看着你的背影渐行渐远"，都是通过一次次的分离来完成的。==好的养育不是让孩子成为父母的复制品，成为父母的一个影子，而是，从此孩子有了自己的世界，有了自己的生活，有了自己亲密的爱人，孩子用活出自己的方式完成了与父母的分离。==

当然，并非所有的父母都能顺利地完成这个任务，很多年轻人在成为父母的时候，其实自己也没有完成分离。很多让人不舒服的、会造成伤害的养育方式自然也会在这个过程中发生。

对于一些遭受过特别严重的创伤的人来说，他的家庭环境还会充斥着暴力、虐待。在这样的情况下，脱离出来，首先在空间上实现隔离，对获得缓解和治愈是有帮助的。我们也会在咨询中建议一些年轻人，与父母分开一段时间，以获得自我的成长。但这种分离，只是一种暂时的环境上的物理空间的打断，它只是给心理成熟提供了一个缓冲的空间。真正的内心的分离还是通过自我成长实现的。而成长的最终目的也不是为了分离，而是为了用一种新的方式，与身边的人和这个世界发生联结，用一种新的方式，勇敢地去爱。

我们的生命，是父母给予的。那里是你的人生开始的地方。分离是一次次地打开新的篇章，成长是一次次地变得不同。而分离，总是会来的。

要不要与原生家庭和解

电视剧《都挺好》因为最后的大团圆结局而得到了很多差评。因为这打破了很多网友对这部剧的最初好感，所以网友们说它"虎头蛇尾""最终差了一口气"，总之对强行大团圆很不满意。很多人认为，苏明玉不该与家人和解，有些原生家庭和父母不值得和解。也有人说，最好的结局是女孩远走高飞，独自潇洒，与家人老死不相往来，让曾经伤害她的父母自食其果，彼此相忘于江湖。

差强人意的被迫团圆和不相往来的一走了之，其实都是很极端的表现。在对自己与原生家庭的关系的处理方面，还有很多极端的表现，比如，断绝关系、杀死自己、改名换姓……这些都不是真正的和解。和解是一个过程，是你对一切的不如意、伤害和痛苦的接受、领悟和转化，是你最终获得平静的过程。和解并非一个有时限的目标，也不是我们必须追求的结果。人一生都走在和解的路上。

　　和解首先是对自己的经历的反思和觉察，就是我们常说的"看见"。

　　在《都挺好》里面有一个特别经典的画面：在巷子里，苏玉明遇到了少女时候的自己。她看着自己跑回家，往事一幕幕发生。电视剧用这种艺术化的方式，讲述了我们回望自己的经历、发现自己曾经忽略和压抑的往事和感受、在内心重新和过去的人对话以获得内在和解的过程。这就是"看见"。尘封的往事被看见了，复杂的感受被看见了，那些我们被伤害的经历被看见了。这是和解的开始。

　　我们也要看到在我们的经历里曾经扮演了"施害者"的父母。对她们的"看见"也是和解必不可少的一部分。作为子女，我们未必有机会，或者说根本不可能看见父母的"全貌"。电影《你好，李焕英》里有一句话：从我有记忆起，妈妈就是个中年妇女的模样。所以，我们总会忘记妈妈也曾是个花季少女。我们没有见证过父母的前半生，对他们的成长经历和背景所知甚少，我们只知道他们是"这样的人"，而不知道他们"为什么是这样的人"、他们"为什么这么对待我们"。如果你深知原生家庭的影响，那么你也不可以忽略，你的父母也有他们自己的原生家庭。他们曾经也是一个如你一般的孩子。那些你认为父母该有的"爱"的能力，是靠一代代父母的养育的传递不断发展而来的，而并非是你的父母与生俱来的。

很多人一生都在等父母的一句"道歉"。这个道歉在电影《唐山大地震》中发生了。故事讲述了唐山地震中的母亲，在两个孩子都压在废墟里的情况下，不得不选择了救儿子，放弃了女儿的生命，而在之后的生活中母亲每一日都在遭受内心的折磨。女儿最终获救了，却因为母亲对她的"抛弃"而远走他乡，她始终无法原谅母亲。时隔多年，当地震再一次发生时，这位女儿作为志愿者义无反顾地奔赴灾区，这其实就是对自己的过往的一次勇敢的"看见"。她不再从一个废墟中的受害者的角度看待发生的一切，作为救援者，她看到了灾难中的人性的挣扎，也看到了灾难中的人性的爱。她终于敢于再一次相信爱，她等来了母亲的"道歉"。我相信当电影中母亲为自己过去的选择向女儿"下跪"的那一瞬上演时，很多人的心灵都受到了重击。等到母亲的这一"跪"，曾经是受伤的孩子的内心的一个固执的渴求。但我们的生命真的承受得起吗？

我们终归要与自己的命运和解。

把自己从"过去"的命运里"解放"出来，的确要经历对痛苦的回忆、爱恨交织的恩怨情仇的反复咀嚼，我们只有穿越层层障碍去拥抱曾经那个受伤的小孩，带他走出"受害者"的位置，才能够成就一个有足够力量的自己。

与原生家庭的和解之道，其实就是我们与自己的心灵的和解之道。

无论苦乐，终归都是自己的修行。

自主书写刻意练习：与家族联结

我们每个人都有自己独一无二的原生家庭，也都只有这一次无法再来的生命。原生家庭对我们来说，不仅是那个有父母的家，还是我们精神的家园和归宿。你与原生家庭的关系，就是你与整个世界的关系的缩影。在你对原生家庭关系的转化的智慧里，藏着你的未来人生的一切可能性。

对原生家庭的书写练习可以让自己重新审视原生家庭对自己的影响、联结自己的父母，可以为自己找回生命的力量。我们可以从以下三个部分尝试进行练习。

父母画像

认真地书写有关于你的父母的一切。他们是怎样的人？他们喜欢什么，痛恨什么？他们是如何长大的，又有着怎样的经历？别忘了，你的父母在成为你的父母之前，也是孩子、少年，也曾有过青春的懵懂，他们和你一样有他们自己的原生家庭。深刻地理解父母，而非刻板地建立一个全好或者全坏的评价，是内心成熟的开始。

使父母对自己的影响清晰化

从模样身材，到言行举止，你的哪个地方像父母？基因是伟大的生命动力，藏着你和父母血脉相连的证明。你的父母有哪些性格特点？他们如何应对压力？他们有着什么样的人生观和处事态度？其中哪一些潜移默化地根植在了你的人格之中？无论这一切你是否喜欢、是否认同，这些都将深刻地影响你的人生。把这一切看清楚以后，你才能开始走自己的路。

家谱图与家族故事

绘制家谱图，了解家族脉络里的三代以内的亲人，甚至更遥远的祖先。怀着好奇探索你的家族中曾经发生过的重要的故事，寻找那些被遗忘的先人。家谱图里隐藏着很多的影响你的命运的动力。你可以书写自己的家族故事，也可以给自己的家族里的任何一位亲人写信，让你的身心感受与尘封的久远记忆相遇，这将是人生的重要的洗礼。

疫情期间，壹心理和人民网共同发起的一项覆盖了 400 万人的大型网络调查的数据反映了疫情期间公众心理的现实情况。其中一项调查比较了处于已婚已育、已婚未育、未婚、恋爱中几个状态的人群的情绪状况，结果显示，恋爱中的人的负面情绪状况的得分最高。已婚已育的人的自评分数最低，心态最平稳。

家庭，在危机时刻，为我们提供了重要的情绪价值。然而，现代家庭已经离我们熟悉的"样貌"越来越远，多种多样的可能性正悄然发生着。

从三世同堂到微型家庭

民政部发布的数据显示，2018 年我国的成年单身人口已达 2.4 亿，其中 7700 万人处于独居状态。2021 年，这个数字继续上升。单身经济、单身消费模式已经成为商家的新目标。

据英国《泰晤士报》报道，英国的一些恋人喜欢住在不同的地方，但同时维持亲密的性关系，他们被称为 LAT（live apart together，即"分开居住"）一族。LAT 这种相处方式最早在北欧兴起。有调查显示，在加拿大的 25～64 岁的成年人中，有 150 万人属于 LAT 一族。中国的《2020"后浪"婚恋观报告》显示，54% 的人认为和伴侣分开住或分开睡不会影响感情。"恋爱不同居，结婚不同床"的方式在国内也流行起来。

《2015 年全国 1% 人口抽样调查主要数据公报》显示，在中国，平均每个家庭户的人口为 3.1 人。而在 20 世纪 50 年代之前，这个数字一直是 5.3 人以上。《沈阳晚报》于 2018 年 12 月公布的一组数据显示，在沈阳，一人户家庭占总数的 16.5%，两人户家庭占 30.1%，三人户家庭占 35.2%。丁克家庭、单亲家庭、空巢家庭等微型家庭越来越多。

《"十三五"国家老龄事业发展和养老体系建设规划》显示，到 2020 年，全国 60 岁以上的老年人口将增加到 2.55 亿人左右，占总人口的 17.8% 左右。独居和空巢老人将增加到 1.18 亿人。传统的养儿防老、居家养老的模式将发生颠覆式的变化……

婚姻不再是现代人的标配

中国曾经出现过四次单身潮。第一次是在 20 世纪 50 年代，当时第一部婚姻法颁布，否定了封建主义婚姻制度，引发了离婚的热潮，从 1951 年到 1956 年，全国有大约 600 万对夫妻离婚。第二次单身潮出现在 20 世纪 70 年代，知青为返城纷纷离婚，引发单身潮。第三次单身潮出现在 20 世纪 90 年代前后，改革开放引发了传统的家庭观念的转变，离婚率剧增。第四次单身潮就出现在当下，随着社会进入快速发展阶段，人们的自我意识逐步提高，主动选择单身的人越来越多。这一次的单身潮和以往不同，它不是由于婚姻的破裂导致的。

人们根本就不想走进婚姻。

独居并享受着

独居的人越来越多。这不仅仅是众多未婚年轻人的选择，也是大量离开婚姻的中年人和老年人的选择。独居需要财富基础、社会保障和文化宽容。这些条件在当下的社会都变得更加容易实现了。随着物质生活水平的提高，越来越多的人可以负担一个人生活的成本。便利的社会保障体系让我们越来越不依赖彼此。社会文化对单身、独居都有了更大的包容度，特别是在一线城市。独居符合我们所追求的最重要的现代价值观——"自由"，让我们拥有对时间和空间的控制感。

对"自我"的追求，给了我们以"自己"的名义进行社交的权力，而非以某某的太太、某某的丈夫、某某的妈妈的名义。2016 年的一项调查显示，36.8% 的单身女性觉得自己生活得很幸福。

独居也需要人们面对一些问题，诸如忘带钥匙、在浴室内摔倒而无法求助身边人。很多年轻人由于过度使用社会服务而出现劳动能力退化的问题，并面临精神上的孤寂和自我生活的节律失常。但这些似乎都在"自由"和精致生活的大背景中变得不重要了。

不再好用的进度条

我们曾有一个步调一致的人生进度条：人到了 25 岁就要结婚了，30 岁就已经是大龄了，结了婚就要抓紧生小孩……但是随着时代的变迁，这个进度条慢慢地被打破了。

人的寿命在不断变长，人的成长过程也变得更加细致而"漫长"。无论是在男性中还是在女性中，受教育的时间都在不断增加，越来越多的人在毕业、就业时，已经错过了传统意义上最佳的结婚年龄。就业的希望能够在事业上有所发展，没有就业的还要继续深造，一转眼他们就都到了 30 多岁的年纪。于是，一边是捍卫着传统进度条的父母在大力催婚；另一边是越来越多的年轻人希望通过自己的努力成为更好的自己，不想走进婚姻陷入原生家庭的模式的轮回。还有一部分父母因为家庭物质条件优越、对孩子有情感的依恋而不想与子女分离。过去，穷人的孩子早当家，现在，"啃老"的孩子不离家。

婚姻的进度条变得越来越不好用了。

结婚的机会成本

传统的婚姻功能主要是经济上相互的扶持、性行为、孩子的养育，以及情感上的相互依赖。

随着生活水平的提高，女性通过工作获得了独立的经济来源，收入甚至比同龄的男性还要高。随着市场分工越来越细、专业化程度越来越高，很多家庭职能都被市场取代了。男人不用扛煤气罐，女人不必做饭干家务，这导致夫妻之间的依赖越来越少。年轻人更加早熟，很多人都已经有了婚前的性行为。同时由于社会观念的变化，性生活的满足以及可获得性，使其不一定与婚姻直接相连。孩子的教育成本越来越高，巨大的时间、精力、金钱投入也让人对生育的期待降低了。而在情感关系上，由于追求独立和个人价值的呼声越来越高，人们对情感关系的质量的要求也越来越高，人们更加不愿意妥协了。尊重和张扬个性成为进入"柴米油盐"的婚姻生活的巨大挑战。婚姻的功能发生了颠覆性的变化。

人们在走入婚姻前，会越来越多地考虑自己的机会成本。这个机会成本主要是自我发展，特别是职业发展的损失。在婚姻面前踟蹰不前的人多为职场精英，他们一般都有很高的收入，有很好的工作机会，有远大的职业前景。可婚姻的经营与事业的经营一样需要大量的投入，家务劳动、情感互动、对双方家庭的参与和经营……所有的一切都在时间、精力、金钱上与职业发展形成竞争。走进婚姻需要人放弃太多东西，进入婚姻的门槛越来越高。这些机会成本抵消了人们对"两情相悦""天伦之乐"的渴望。

无论是在物质方面，还是在精神方面，人们都开始追求更全面的自我成长和自我满足了。婚姻不再是现代人的标配。

新家庭分工模式的艰难调整

2008 年 11 月 30 日至 2009 年 11 月 30 日，重庆市有 72 860 桩婚姻解体，有 18 730 对夫妻结婚一年或不足一年后离婚，"闪离率"达到 25.7%。也就是说，每四对分手夫妻中，有一对夫妻共同生活的时间不超过一年。

即使是在一起生活多年的夫妻中，离婚率也居高不下。数据还显示，婚龄为 25 ~ 49 年的夫妻的离婚率（即"黄昏离"）为 13.2%。该区民政局处理离婚事项的工作人员称，以前他们一个星期也见不到两三对，现在一天就有两三对。

婚姻越来越容易解体的一个本质原因是我们有关家庭的

观念和家庭的合作模式在悄然发生变化。女性在两性关系中成长得特别迅速。以前女性的一生就是从"娘家"到"婆家"，现在女性获得了自己的职业、社会身份和精神价值。相比之下，男性对家庭的需求几乎没有改变。在家庭中，男性需要适应女性的变化，比如，分担家务、提供情绪价值，对他们来说，这些带来了巨大的压力。女性期待在社会中有更好的表现，因此既需要工作，又需要按照传统的分工承担家庭劳动，她们也感觉压力重重。所以她们非常期待打破原有的这种家庭分工，建立起一种新的"平等"的分工模式，但男性显然还没有做好充分的准备。于是，"保姆式妻子""守寡式婚姻"等一系列说法应运而生。从表面上看这些词是在表达女性的委屈和不幸、女性对男性的指责，实则表明了男性与女性对新的家庭分工尚未达成一致。

重新分工说来简单，但将它落实到具体的家庭生活中，却非常复杂。为什么呢？因为全新的家庭关系、分工方式的建立涉及对两个原生家庭的生活模式的调整。这不仅涉及观念的问题，还涉及习惯的问题，比如，最简单的一点，女性希望男性能够平等地去承担家务。在恋爱的时候，男性表示可以接受。但是一旦双方结婚了，这位男性可能会退回到自己已习惯的原生家庭模式里。因为在他的原生家庭里，他的母亲在经年累月地扮演一个照顾人的角色，他根本没有养成做家务的习惯，很多家务他也不会做。当恋爱的激情退去，男性也失去了主动尝试改变的动机，原来的生活模式就自然而然地回来了。这时候女性就会非常失望，并采取消极的指责方式表达不满，冲突自然也就产生了。

家庭分工模式的改变非常困难。

我听过这样一句话：一张婚床上躺着六个人。它说的是我们其实是带着各自的原生家庭走进婚姻的。小到一些琐碎的生活习惯，诸如牙膏从哪头开始挤，大到我们的生育观、价值观、择友观、处事风格，都深受原生家庭的影响。一位女性可能会坚持：等有了稳固的职业发展以后自己才生孩子。但是她的公婆也许急切地想抱孙子。现在独生子女很多，女孩子的父母也希望过年时能够和女儿团聚。而某些地方的男方可能依旧会尊重除夕夜要一家人在男方家过的传统。很多时候，双方的家庭会不由自主地参与到新家庭中类似的权利斗争中来。

俗话说："不是一家人，不进一家门。"一边倒地批评男性或女性都是不公平的。因为家庭的分工模式在改变，这需要两个人的共同努力。什么样的女性比较容易遇到"妈宝男"呢？如果一个女孩子的原生家庭的家庭分工模式是父母共同分担家务，父母各有各的工作、彼此独立，那么她找一个"妈宝男"当老公的可能性不大。因为她从小在家庭里经历的、感受的、学习到的是平等分工的习惯。她体会到的男性和女性的相处方式是一种相互独立的状态。这样，她就会对"妈宝男"有天然的免疫力，其实就是"气场不合"。她们并不会因为男性在婚前的一些"殷勤"表现而误判。而和"妈宝男"结婚的女性的原生家庭大多有着同类型的"气场"。这样的女性往往生活在有"妈宝"传统的模式中，她们期待自己找到的男人不再是"妈宝"，但是却对如何做一个独立女性，如何吸引一个不是"妈宝"的男性并不熟悉。她也需要漫长的学习和改变才能走到自己理想的分工状态里。这需要自我状态的调整，以及学习如何与另一个独立男性相处。这个过程，并不比把婚姻中的"妈宝"变成一个她心中的理想男士更简单。

我们在面临如此多的改变困难的同时，婚姻中的退路却也变得更多了。其结果是解决这些困难的动力明显不足。年轻人正处于体力和精力都很旺盛的阶段，都会有正在发展的事业，他们是不太容易妥协的。与此同时，大家的经济实力也都提高了，有的人还可以选择回到父母的家中去。对于成熟的中年人来说，他们的工作压力非常大，又需要在子女教育、职业发展等方方面面投入精力，因此他们一旦自己能够独当一面，会选择通过社会服务来解决家庭分工的问题，而不愿意再为婚姻的磨合投入额外的精力和时间。从整个社会的状态来看，有关婚姻的多元文化也在悄然流行——"独身主义""单亲妈妈""周末夫妻"……一旦出现了各种退路和替代性方案，婚姻的维持就变得更加困难。

旧的家庭分工模式已经受到挑战，新的分工模式却在匆忙中很难沉淀。女性通过努力，将自己带入公共空间，获得了平等工作的机会，但男性却没有表现出太大的回到私人空间、平等地参与家庭分工的意愿。在分工这件事上，"一厢情愿"显然是不够的。

现代养育的代价

西方社会经历了两次人口的转变（即人口从高出生率、高死亡率的状况向低出生率、低死亡率的状况变化的过程）。

如今，绝大多数经历了工业化的国家都在经历或已经完成了第一次人口转变。其特征是人们比较早地结婚，拥有两个孩子而不是生育 3 ～ 6 个孩子，人口转变的驱动力部分来自为后代提供更好的生活和教育条件的愿望，这导致在 20 世纪 30 年代生育率下降到较低水平。但第二次转变的情况是，年轻人越来越晚地步入婚姻，他们和父母同住的时间变得更长，更多地选择同居而不是结婚，第一个孩子出生的时间越来越晚。在第二次人口转变的背后，是欧洲人从家庭和父母的身份转移到追求进步主义和个人主义。生育与否，成为个人深思熟虑后的选择。人们倾向于推迟生育，直到关系稳定、工作满意后再重新考虑。

在中国，这两次改变的内在驱动力同时出现在当下。一方面，人们希望为后代提供更好的生活和教育条件，因此对生育都采取了谨慎的态度。另一方面，"传宗接代"这一传统的家庭观念受到了巨大挑战，年轻人更倾向于在完成学习、就业和自我发展后，再考虑生育问题。巨大的养育、教育的投入也让很多人"望而生畏"。生育问题被前所未有地复杂化了。

产后抑郁、丧偶式育儿、教育冲突……问题接踵而至。"分工问题"尚未解决，养育的挑战让新家庭雪上加霜。

产后抑郁：复杂角色的变化

变成新手妈妈并非一个简单的角色升级。女性可能会面临：作息时间被完全打乱、体力严重透支、家庭成员突然变化……无法独立完成育儿任务的家庭需要面临老人或者保姆的加入，这不仅使家庭的经济压力增加了，也使家庭关系一下子变得复杂了。女性还要面临职业发展的压力。可以说，怀孕期间的很多问题，都在产后集中爆发了。

据统计，大约每十个产妇里面就会有一个患产后抑郁症（10% ~ 15%），一半以上的产妇会出现产后抑郁的情绪（50% ~ 80%）。女性此时不仅升级成为妈妈，更是婚姻中的妻子，大家庭中的女儿、儿媳妇，再加上职场角色，这众多的角色集于一身，女性疲于应对。激素水平的失调加上外部环境的挤压，使女性的心态处于崩溃的状态。这会让人本能地想"逃避"。抑郁，是应对无力的结果，也是一种"休克"性的自我保护。

　　复杂的家庭分工问题、尚未解决的家庭冲突都会成为重大的压力源。

"丧偶式育儿"是一次分工的失败

　　"丧偶式育儿"是公众讨论中的一个比较常见的话题。人们不可避免地有一种一边倒地抨击男性的倾向。但其实在很大程度上，这只是分工合作的失败。

　　在大多数情况下，孩子在出生后会由产妇的母亲或婆婆照顾，有的家庭雇了保姆。在照顾孩子的时候，大家似乎不约而同地"排斥"了男性，而并非男性主动回避。男性特别容易被指责："什么都做不好！"这导致男性的参与度越来越低，男性有挫败感。在有的家庭里，由于老人和保姆的加入，男性被迫睡客厅、睡沙发，甚至留宿办公室。男性似乎一边被指责不参与，一边被排斥在育儿过程之外。

　　在"丧偶式育儿"的过程里，妻子是孤独的，而丈夫在此期间又何尝不是孤独的。女性往往站在一个恨铁不成钢的"妈妈"的位置上对丈夫发出各种指令，丈夫又随即像一个逆反的"儿子"一样默默抵抗。而在这个过程里，我们缺乏对两性差异的基本尊重，也没有给出邀请以增加男性育儿的能力和愿望，从而导致了分工协作的失败。

育儿观念的冲突，家庭分工的权力之争

育儿观念的冲突的本质是家庭分工的权力之争。照顾孩子是家庭中的核心事件，谁来决定如何育儿，某种程度上意味着谁在决定着家庭的日常安排。在大家庭模式中，婆婆是家庭的主管，也经验丰富。如今，随着年轻女性的经济地位的提高，以及现代养育理念的普及，儿媳妇变得更加有话语权了。其实，是不是一定要给孩子穿纸尿裤并非重点，这本质上是一种对家庭主权的争夺。

孩子是家庭的未来，教育理念和教育产品的选择透露着对家庭的未来发展方向的预期和愿望。对孩子的将来做什么样的打算、要上什么课外班、要不要买保险……这些无不涉及把家庭带向何方的权力之争。

当"青春期"遇到"中年危机"

拥有处于青春期的孩子的家庭一般已经进入了稳定期。但在当今的社会发展的冲击下，这些家庭也面临着前所未有的挑战。

抑郁的青少年

《2019—2020 年中国国民心理健康报告》显示，青少年睡

眠不足现象日趋严重。24.6% 的青少年抑郁，其中 7.4% 的人为重度抑郁。

这一届青少年正在经历神奇的、巨大的、飞速的社会变迁。物质生活丰富多彩，网络信息良莠不齐。家庭的规模在变小，家庭成员之间的交流在变少。而家庭成员对彼此的期待却在增加。青少年仿佛成长在一个湍急的旋涡中。

青少年面临着巨大的学业压力，这已经成为一种共识。青少年普遍缺少户外活动，他们往往身体很好，但对身体的使用却在变少。近视也在青少年中变得越来越普遍。青少年正在变得更加孤独，沉迷于网络、厌学、抑郁等。他们沉浸在一个虚拟的、二次元的平行世界里，与自己的父母犹如两条平行线，他们之间有着看不见的鸿沟。只有当孩子出现重大的情绪问题，甚至自我伤害事件时，父母才开始看到孩子已经和他们渐行渐远。

中年危机

"因为各种因素，自己可自由支配的时间和空间没有了。"

"器官衰退，钱包不鼓，孩子不服。"

"把中年危机当玩笑开的时候很幽默，大家各回各家之后都经历了什么？别细问，谁也帮不上谁的忙。"

"中年危机就像一个人打散工一样，天天忙得不行，可生活好像也没啥改变，也没什么人觉得我能改变什么。"

"害怕变化，一旦有了变化，整个人的情绪极差。"

这些是微信公众号"格十三"中的有关中年危机的只言片语，中年人的尴尬之态跃然纸上。

联合国世界卫生组织把中年人的年龄标准调整为了66 ~ 79 岁。现代人的身体更好，寿命更长，可以工作更久。然而，当人到了四五十岁，身体状况还是会迅速下降，不再是睡一觉就能恢复体力的状态了。记忆力也在衰退。英年早逝的情况越来越多。中年的划分标准的改变并未改变"中年危机"的如约而至。

文化的反哺

当"青春期"遇上"更年期"，巨大的冲突产生了，其心理本质是：一方面，青少年期待独立，期待分离，但其自身的发展又充满着不稳定性。他们既叛逆又需要引导，既独立又需要支持，既自尊又超级敏感……这是对父母的情绪耐受能力和包容度的巨大挑战。

而另一方面，正在经历"中年危机"的父母们面对日渐发育成熟的儿女，对衰老的恐惧和死亡焦虑必然会被唤醒。在自然界中，下一代的成熟意味着上一代已经可以被淘汰了。这必然会导致一种爱恨交织的张力。双方对分离的焦虑和不适应，加上大量的现实压力，导致家庭空间里经常爆发冲突和摩擦。

文化反哺的现象更是使中年老母亲、老父亲们的"权威"受到了巨大威胁。

20 世纪 70 年代，人类学家玛格丽特·米德在《文化与承诺》一书中提出了"后喻文化"的概念，它指年老的一代向年轻的一代学习的"反向社会化"现象。社会学家周晓虹结合中国的国情提出了"文化反哺"的概念。相较于父辈，新一代的年轻人拥有更好的物质条件和受教育机会，同时，数字媒体的广泛普及使得他们拥有了更加丰富的与他人和环境建立联系的渠道，这一切都极大地拓宽了年轻人的认知边界并加快了知识迭代的速度，也使年轻人由传统意义上的"受教育者""经验接受者"变成了"教育者""经验分享者"。这挑战了家庭中的父母的权威地位，使"青春期"和"更年期"的冲突更加激烈。

走向生命的尽头

据国家统计局的数据显示，2019 年中国 60 周岁以上人口约有 2.5 亿，其中 65 周岁的人约有 1.8 亿。

很多老年人感觉社会正在遗忘他们，正在抛弃他们。他们不明白：为什么商店不收人民币了？为什么去医院看病不能手动挂号了？为什么在车站买不到实体票了？超市里为什么没有收银员？路边的自行车为什么可以随便骑？他们的器官在衰老，他们的头脑在变慢，但社会却没有给他们喘气的机会。他们变成了"空巢老人"，失去了传统意义上的大家庭。他们在努力适应着从"养儿防老"到养老社会化的历史变迁。

而我们也会惊讶于另一群老年人的状态：他们身体健康，精力也比较充沛。他们的子女独立，他们自己时间充裕，有自己的积蓄。他们对新鲜事物有兴趣，他们有属于自己的精神生活，他们终于卸下了家庭的担子，活成了自己最精彩的样子。

人类的寿命在增加，我们的生命在变得漫长。中国的老龄化社会来得太快了。人和社会都没来得及做好充分的准备。这么长的一段时间该如何度过？面对这样的不确定性，很多老人都给出了精彩的答案。

从是否走入婚姻，到是否选择生育，再到如何面对青春期的孩子，再到如何经营自己的中年、晚年生活，我们在不断面临前所未有的挑战，也在发展出前所未有的可能性。不确定是焦虑的主要来源，处理不确定性的能力、在不确定中寻找新的可能性的能力是焦虑的解药。

自主书写刻意练习：主题书写

主题书写是指围绕某一重要主题进行连续的命题书写。它与自由书写不同，因为命名主题需要内在思考。主题书写常被用于团体治疗中。每个小组成员都要针对同一主题进行书写和分享，以加深对主题的理解和探索。个人的书写练习可以通过围绕某一个主题进行多角度、多侧面的连续书写开展。我们不仅可以借此整理内在感受，还可以增加对此人生主题的系统性思考。

家庭生命周期书写主题推荐：

1. 家庭形成期的 10 个书写主题

我期待拥有什么样的伴侣

我理解的爱情

我理解的婚姻和对婚姻的期待

在婚姻中我的底线和原则是什么

婚姻需要哪些一致的三观

我对两性及性的理解

我对性的期待

原生家庭对我的婚姻的影响

伴侣的原生家庭是怎样的

进入婚姻的代价及我的承诺

2. 新家庭拓展期的 10 个书写主题

关于新家的布置

我们的蜜月

最令我们烦恼的小事

我们的性生活

我们打算迎接一个新生命

照顾婴儿的计划

孩子到来后自己发生的变化

孩子到来后家庭发生的变化

我们的第一个关于孩子的矛盾

与家人相处的烦恼

3. 有青春期子女的家庭的 10 个书写主题

我的孩子发育了

孩子发生了哪些奇怪的变化

我该如何与孩子讲话

我该如何与孩子谈性

我该如何与孩子谈论恋爱

我感觉自己在变老

如何体面地退出

我是否还爱着我的伴侣

那个孩子离开家后的空荡荡的午后

我该如何度过"中年危机"／余生

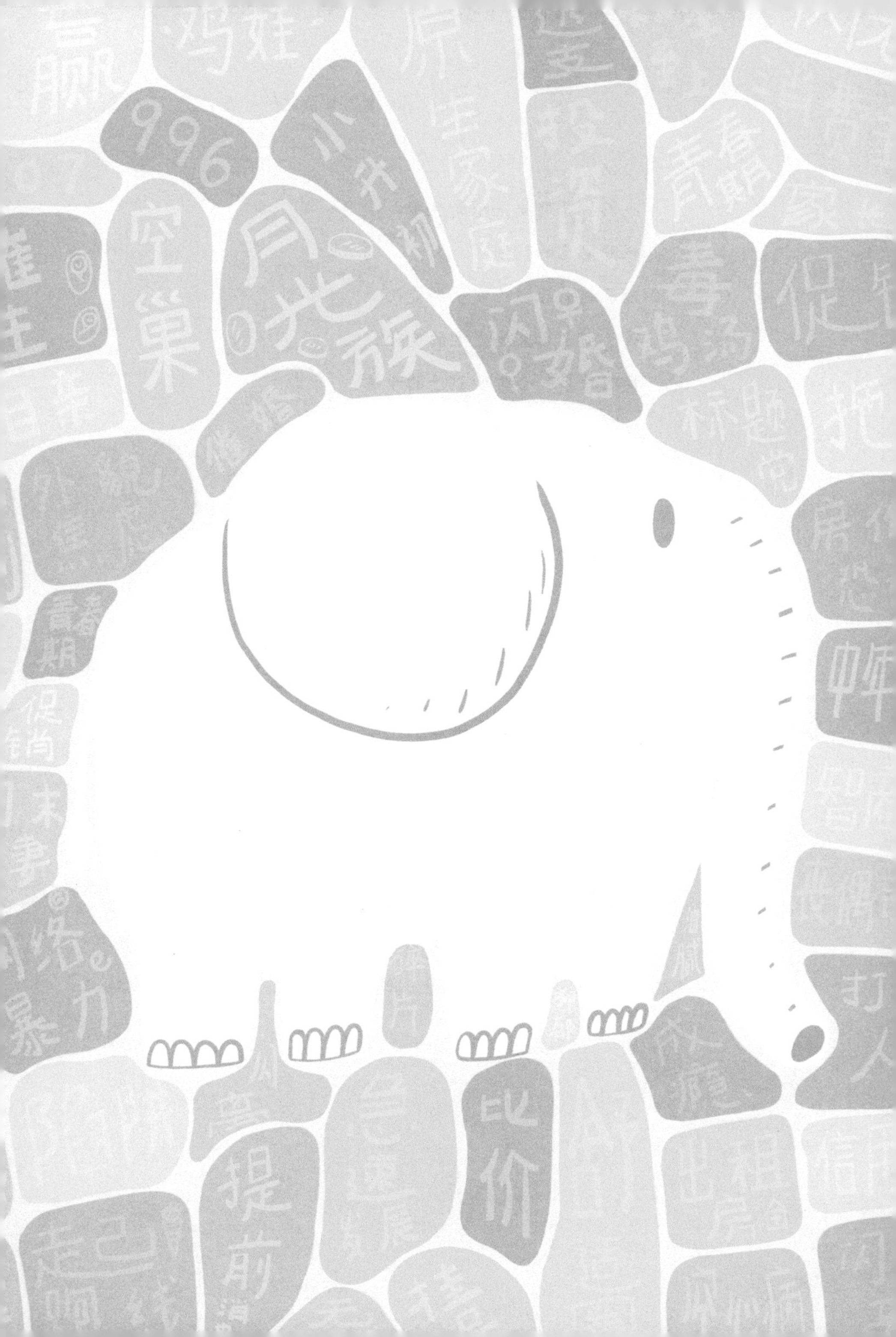

鸡娃
996
空巢
月光族
闪婚
毒鸡汤
标题党
网络暴力
提前
比价

国内首部女性独白剧《听见她说》由 8 个单元故事组成，它呈现的女性议题引起了广泛的关注：原生家庭、重男轻女、容貌焦虑、大龄单身、全职主妇、家庭暴力、中年危机、物化女性。系列剧集一经播出，就被网友评价：过于真实。这几乎包括了当下女性关注的所有话题。

从"大龄剩女"的标签到互联网公司容不下 30 岁的女员工的威胁论，从对容貌和身材的极度挑剔到对职业女性如何平衡事业家庭的追问，这个世界似乎对女性不太"友好"。女性们那么努力地进步，却总是伴随着挥之不去的焦虑情绪。作为一名女性，我也经常会反思，到底是社会禁锢了我们，还是我们与其共谋了这一场焦虑。

被标准化的"乘风破浪"

《乘风破浪的姐姐》是一个很普通的综艺节目，却引发了众多热议。一个很重要的原因是，开播前，广大女性对姐姐们的"乘风破浪"充满了期待——希望姐姐们能够"如题所示"在节目里实现一些女性价值的突破。然而，看过节目后，大家发现："50+ 的姐姐在镜头前依然皮肤光洁零瑕疵，曲线紧致无缺陷，宛若 20 岁的姑娘。"这似乎依旧是节目的亮点。虽然姐姐们也在镜头前表现出了对规则的反抗，比如，"我还用自我介绍吗？"再比如，因为耳机的问题直接叫停节目录制，然而，这些话题并不能撑起"独立精神"的内核。而在最后，姐姐们还是在游戏规则的影响下，按照流行审美打造出了一支时尚姐妹团。

人们本来期待姐姐们"乘风破浪"地打破大众的审美标准，可最后，她们还是回到了"年轻""瘦""性感"上。这个节目看似想翻起一场女性对年龄的革命，可最后满屏仍是姐姐们对年轻的"渴望"。姐姐们那么努力地向标准宣战，最后又回到了对标准的迎合上。

对女人来说，最容易带来焦虑的恐怕就是对美的狭隘定义。古有"女为悦己者容"，这毕竟还透露着对情感关系的美好愿望，而如今"女为标准而容"。这个标准的糟糕之处在于把"自己力所能及的事情"排除在了"美"的范畴之外，诸如，气质、修养、整洁的打扮……而把"够不到的、没有价

值的东西"——"巴掌脸""九头身""筷子腿"等——变成
了人生的追求。

这是一个看脸的时代，天猫发布的一份名为《她力量》
的报告称，女性是新消费浪潮的推动者，是"她经济"的创
造者。2020 年，天猫的头部新品牌中有 80% 的品牌聚焦女
性的消费需求。中国整形美容行业协会发布的年度报告预测，
到 2022 年，中国整形市场的规模将达到 3000 亿元。从过去
的隆胸、隆鼻到如今的抗衰、吸脂、除皱……容貌焦虑撑起
了 3000 亿元的医美市场。

除了对美的定义，社会对女性的"标准化"还涉及年龄、
应该结婚的时间、是否应该达到事业和家庭的平衡、如何做
一个好妈妈……女性无时无刻不在被"标准化"着。然而，
女性们又似乎在乐此不疲地努力达到这样的标准。她们不惜
投入时间、金钱和精力。

《听见她说》的魔镜篇中有一段非常精彩的对白，道出了
女性追逐标准、为标准所累的真实现状："我承认我活在微博
和朋友圈里，看的是综艺里的明星，画的是最热门的仿妆，
穿的是谁谁谁上脸、上身、上脚的同款，聊的是稍纵即逝的
热搜，过的是轻薄短小的生活。不容置疑的标准，简单轻率
的判断，刻舟求剑的效仿，掩耳盗铃的附和……"

于是，我们该扪心自问的是：我们一定要高、瘦、白
吗？美的标准是什么？是谁规定了这个标准？

纵容这些定义和标准的竟然就是你和我。

女性该争取的是什么

有人说，2020 年是女性主义在中国全面开花的一年。从杨笠在脱口秀中的大胆"冒犯"，到余秀华直白的情欲表达，女性的声音第一次如此清晰地被公众听到、传播、热议，当然，她们也遭遇了感到被冒犯的男性的攻击、指责，甚至辱骂。在大山里帮助女孩们完成学业的张桂梅说，她为走出大山的女孩在毕业后嫁人当家庭主妇而感到痛心，这一言论也惹来了争议，再一次让女性的家庭角色问题成为热点。有关性别的话题在当下呈现出复杂性、对抗性的特点，这不得不说是一个进步，它意味着多元化的声音被允许出现，也意味着我们有了更多的进行公开讨论、深入思考的可能性。

勇敢的女人们宁愿付出如此大的代价也要发声，她们究竟在争取什么？

母亲节当天，短视频博主 papi 酱晒出一张手抱孩子的照片，并感慨做母亲不易。有网友评论："papi 酱生娃后变得好疲惫啊，但是孩子还是随父姓。"这被认为是 papi 酱的"独立女性"人设翻车了，并引发了关于"冠姓权"的讨论。在很多所谓的"女权"者眼中，争取到"冠姓权"应该是女性独立的"标配"之一。

孩子来到这个世界上，只有一个父亲和一个母亲，其姓不是随父，就是随母。如果其父母陷入对"冠姓权"的争夺之中，并把它作为对自己的主权和人格的捍卫，真不知道孩子会出现什么样的噩梦。如果女性要争取的，不是平等舒适的相处方式，而是凌驾于一切之上的权力，那么这和"男权"又有何区别？这本身就是让自己站到了曾经伤害自己的人的那个位置上。更有甚者，打着解放女性的旗号，强调女性该驾驭男性，同时极力挖苦辞职在家的女性同伴，认为她们的劳动毫无价值。这其实都是误入歧途。

我们当然坚定地支持贫困地区的女性接受教育；我们呼吁尽可能地减少职场中的性别歧视，维护女性的合法权益。然而，在有关男性和女性的家庭分工的问题上，我们是否可以看到更多的可能性？

女性在家庭中的付出应该被看到、被尊重。我们应该争取的是这种付出不要被低估、被无视，而不是让所有女性离开家庭。我们要争取的是，让男性和全社会重新看到一餐一饭的温暖和孩子开心成长的背后是女性的付出。我们需要帮助全职妈妈融入社会，关心她们的处境，给她们更多的帮助。我们欢迎男性回到家庭中来。但若男性想更积极地工作，而女性又愿意支持伴侣，这不也是和谐的图景吗？

男性和女性天生不同。尊重这种差异本身，也是一种平等。

完美背后的焦虑

《中国统计年鉴》数据显示，2000 年只有 0.88% 的女性读到了大学本科，2015 年这一比例达到了 5.76%，涨了近 6 倍。另外，2015 年女性研究生占到了研究生总数的 45.4%，比 2000 年时上升了 15.2 个百分点。可见，接受高等教育的女性的占比大幅增加了。造成这一现象的原因有二：一是女性青年继续深造的愿望大；二是女性在就业市场不占优势，因此她们倾向于通过提高学历来提升自己的竞争力，以寻求更大的发展。

在各大知识付费产品的线上训练营里，活跃着大量的职业女性。她们白天忙于工作，下班后还要照顾孩子和家庭。她们利用碎片化的时间学习、完成任务。我常惊叹于她们如此旺盛的精力。无论是在职场中还是在家庭中，她们都在努力地做到最好。

然而，如此努力的背后是什么样的心情呢？

过度追求完美往往和害怕失控有关。很多人的所谓的追求完美背后是巨大的焦虑。我在南方见过追求"完美"的秀娘，她们心静手稳、呼吸平缓、一针一线错落有致。而在焦虑的驱动下追求完美的人往往气喘吁吁、如履薄冰，他们即使得了 100 分也不一定能兴奋很久，但是只要稍微出了一点错，他们就会觉得自己一无是处。

在我的训练营里有一位学员，他曾问我，他该怎么日日"精进"。我说"精进"有很多种，除了勇往直前，全力以赴，日日自律，不断进步以外，敢于面对真实的自己，能够承受现实的不确定性，能够日日忍耐那些我们无法改变之处也是一种"精进"……想要太多太快的进步，本就是一种急于求成。

当你静下来细细聆听自己的内心时，你会不会听见怕自己不够好、怕自己被落下、怕自己不被认可、不被接受的声音呢？我们从小习惯了用 100 分的标准来要求自己。如果我们考了 98 分，那么父母问的第一句就是："那 2 分丢在哪里了？"98 分的努力就这样被轻描淡写地忽略了。让我们不断努力的推手还有"比较"——"别人家的孩子都那么努力。"更可怕的是，比你优秀的人比你更努力。我们一日日地努力，却从未学习过如何对自己满意。

我们努力是为了什么呢？答案是：成为更好的自己。

可是，如果你弄丢了自己，哪来的更好呢？

做一个 60 分的女人

做妈妈这件事，在铺天盖地的渲染下，都已经快被"妖魔化"了。诚然，生育对女性来说是一个极大的挑战，做母亲是辛苦的。然而，让我们焦虑的并不是做妈妈这件事，而是，我们总想做一个 100 分的妈妈。

简单心理的一份调研报告显示，从孩子刚出生到孩子逐渐长大的过程中，新手妈妈会面临不同的挑战，在有着 0 ~ 1 岁的孩子的新手妈妈中，41.04% 的人表示"当事情出错时会过度地责备自己"，该比例明显高于 1 ~ 2 岁及 2 ~ 3 岁孩子的妈妈。我们害怕自己不能做一个好妈妈这种焦虑会导致一连串的情绪问题。而在压力情境下，这种有关"不够好"的情绪被"扔"给他人，即觉得我的伴侣不够好，我家的保姆不够好，我的环境和支持不够好。这会带来更多的焦虑。

调查也显示，随着孩子的年龄的增加，越来越多的新手妈妈感到"更有责任感，比以前更坚强了"，也更多地"感受到温暖和愉悦"。随着二胎政策的全面放开，以及精细化育儿压力的增加，越来越多的女性表示会在孩子的成长过程中的某一时期选择做一段时间的全职妈妈。

没有孩子的人生并非不完整。但是生养孩子却可以给女性带来蜕变和成长的巨大可能性。做妈妈的过程使女性变得更加坚强，变得能更加从容地面对生活。收拾好的房间在你转身间变得凌乱，这让你学会了放下对"完美"的期待。执拗的人类幼崽，让你不得不在遵从天性和维持秩序之间反复权衡，最终你学会了"顺势"而非"控制"。你捱过了宝宝发烧的漫漫长夜，也经历了见证孩子的每个"第一次"的喜出望外。你终于明白，凡事总要有所取舍，没有什么事是过不去的。你不再期待完美，而学会了和遗憾、和不确定和谐共处。

于是，你知道，我还可以做 60 分的职业女性，做 60 分的妻子，做身材 60 分的美女……60 分不是不知进取。==60 分是一种"我也可以普通"的内在的笃定，是一种蓄势待发、进退自如的人生境界，是一种能够避免自己被"内卷"占据的、清醒的人生状态。==

女性独立和独立女性

有一天，女儿放学回家后，掷地有声地说："不要进我的房间了，我要做独立女性了。"我忍住没笑出声来，任她"砰"的一声关上了房门。这不过是一个孩子在青春期到来时对"自我空间"的一个小小主张罢了，它连叛逆都算不上。如今全社会的女性都在追求"独立"，都在争当"独立女性"，可又有多少人细细想过，究竟什么是女性的独立？

经济独立就算独立吗？能够挣钱养活自己，却深受各种观念的束缚的人太多了。于是大家说，真正的独立是情感的独立。那什么是情感的独立？不需要在情感上依赖他人吗？人活在这个世界上，本来就是需要相互依靠的。过分追求独立，难道不会将自己置于孤军奋战的焦虑之中吗？独立精神、追求独立都没有错，错的是对"独立"不分青红皂白地坚持。

《安家》中的房似锦在上海做房产中介，家里的父母兄弟都需要她支持。她的独立之路困难重重。《欢乐颂》中的樊胜美也是如此，原生家庭阻碍了她走向独立的步伐。即使是《都挺好》中的已经获得了经济独立的苏明玉，也依旧要活在原生家庭的一地鸡毛中。其中有失望，亦有温情。绝对的独立，只是一个美好的期待和想象。过分追求独立就像过分追求幸福一样，会使人陷入失望之中。因为人生本来就是苦乐参半的。真正的幸福是"常想一二，不思八九"。真正的独立不过是在自己的命运里，慢慢地长成自己想要的样子。

真正的"独立"不是"立 flag"，不是发表宣言，也不是孩子气地关上房门。这只会让你和你的家人心生隔阂。这在无形中反而增加了你的焦虑。我们都需要被支持、被爱护，需要在无助的时候得到帮助，也需要在快乐的时候找人分享。

独立，不是一个能立即实现的结果。它是一个漫长的自我修炼的过程。

不要给自己贴标签

网络时代是一个解构的时代。我们的家庭观在被解构：家庭是社会的最基本单位，是情感的最主要载体。影视作品对于处于不同生命周期中的家庭的呈现体现着家庭观的变化。同时被解构的还有女性观。女性与家庭密不可分。对女性主义和家庭观的解构几乎是同步发生的，并且它们之间存在相互作用。近些年，各类女性剧层出不穷。通过细细梳理，我们会在其中发现女性内心的变化和内在成长的轨迹。然而，当我们一步步解构传统时，我们突然变得踯躅不前。我们想放弃旧的观念，然而新的生活又该如何建构呢？

其实男性也在面临和女性一样的困境。男性也在被不断调侃"油腻"或"娘炮"。"娘炮"与"油腻"似乎相去甚远，实则都是在主流男性标准的影响下的产物。一位男性如果不符合主流男性气质的要求，便可能被扣上种种污名；而他如果过于遵从、迎合主流男性形象，扮演一个"权威"的、"阳刚"的、充满"男人味儿"的角色，则又会被指责"直男""爹味儿"。男人们不仅在努力地适应，也在小心翼翼地讨好。

所有的矫枉过正都会带来与期待的背道而驰。而所谓的"打破"和"解构"，就如青春期的"逆反"和"叛逆"一样，不过是"依赖"和"顺从"的另一面罢了。真正的发展是再次建构，是对全新的可能性的创造。女性独立不是与男性世界分崩离析、势不两立，而是为女性重新寻找更加美好的定义和更具有价值的存在意义。

我们在"女神"和"女汉子"之间，可以发展出更多的富有生命力的可能性。

自主书写刻意练习：人物访问

在不确定的时代，我们需要对未来具有自我建构的能力。因为，没有人会给我们现成的答案让我们参考、模仿。我们想成为什么样的人也需要自己花一番心思努力"建构"。一个理想的自我状态不是凭空想象出来的，它需要我们在现实中找到我们想要的、渴望的、认同的人物榜样，并在对她们的探索和理解里，去掉对榜样的理想化和想象，逐步在其身上找到自己想要学习和拥有的部分。我们需要思考她们是如何在现实中一步步地获得了自己的成功、成了自己的样子的。然后，我们就可以循着榜样的方法去"Make Myself"，活出精彩的自己。

书写可以帮助我们不断理清"榜样"和我们自己的关系。

传记法

阅读人物传记，并进行摘抄和书写读后感。你可以尝试阅读不同作者针对同一个人物写的不同版本的传记，这有助于你从多方面了解这个人。你了解得越多，你就会越熟悉这个人的性格、处事风格和人生状态。

书信法

先尝试给自己的偶像写一封信，在信中写出自己想问的各种问题，以及自己想要与他说的话；然后，自己以偶像的名义和口吻给自己写一封回信，尝试在信中回答自己的问题，看看自己会有什么意外的收获。

分分合合法

想象自己就是自己的偶像本人。尝试书写你此时的所思、所想——你有什么样的愿望？你是如何看待生活的？你又会如何处理生活中的问题？你也可以尝试着思考你的偶像在他的人生中可能遇到的各种问题，以及你会如何处理他们。你和她时而融为一体，时而又彼此完整地分开。这会让你对偶像的理解深入而完整。

整合法

在成为自己的路上，你不可能只拥有一个偶像。你的理想自我可能是多个偶像的不同特点的组合。你可以尝试书写这其中的关联，你也可以使用绘画的形式把她们的特点画出来，然后进行整合。你可以为这些特点——命名、赋予意义。

隐喻法

找到一种植物或一种动物或一种自然现象，将它作为理想自我的隐喻，并对其中的意义进行书写。给自我的代表物写一首诗，或者找一首诗歌表达这其中的意义。然后，反复地书写、朗读、背诵这首诗，直至自己把想要的感觉印进心里。

第 4 篇

穿越焦虑

一口一口吃掉它，你便有了呼吸空间。

我被学员问过最多的一个问题就是："我该怎么学习心理学？我想要成长。"

如今，很多人都对心理学产生了强烈的好奇心和巨大的热情，"心灵成长"的说法也很流行，仿佛心理学在我们的生活之外打开了一个广阔的"神秘"世界。

对这些有关心理学的说法，你一定很熟悉："你在现实生活中出现的一切问题都和你的童年有关""你的财务问题取决于你的内在是否富足""当你的内心变得强大时，宇宙就会听从你的意愿"……人们似乎急切地想离开一地鸡毛的人生现实，一头扎进"心理世界"。人们似乎认为只要把影响自己的现实问题的"罪魁祸首"挖掘出来，心灵就"成长"了，一切就皆有可能了。

而我的感悟恰恰相反：心灵的成长并非捷径，它恰恰是一条最难的路。

目前在我国与心理学相关的行业还不太成熟，我们在学习心理学和实现自我成长的过程中，难免遇到"盲目选择""急功近利"的问题。有的人打着"心理学"的旗号牟利，借心灵成长的概念收取高昂的学习费用。这些不仅不能解决心理问题，还会制造更多的心理问题。

世间并无捷径，与在现实中沉浮相比，内心的成长需要更多的真诚和勇敢。

对孩子的作业，你"吼"明白了吗

辅导作业现在已经成了亲子关系的第一大"杀手"。网上流传着一句话：不做作业母慈子孝，一做作业鸡飞狗跳。有媒体报道说，有的家长竟然因"吼"作业住进了医院。我们为什么在辅导作业这件事情上有如此大的情绪反应呢？我们到底在为什么而焦虑呢？

情绪是我们在现实生活中每时每刻都在经历的心理过程，把自己的情绪理清楚，就是最接地气儿的心理成长了。

梳理情绪的第一步是学习准确地识别你的情绪到底是什么？它的起因是什么？不同的情绪会带来不同的体验，表现为不同的身体感受，也会引发特定的表情和一些下意识的言行动作。中国自古有"七情六欲"之说，其中"七情"为喜、怒、忧、思、悲、恐、惊。这些是最基本的情绪状态。根据能量水平的不同和内在需要的细微的变化，基本情绪又会分化、组合出更丰富的情绪与感觉。

情绪是能帮助我们理解心灵的最好的老师。

"喜"可以被细分为兴奋、幸福、喜悦、欢喜、平静……我们感觉"喜"时意味着当下所发生的是我们希望不断出现并渴望重复体验的，比如，如果孩子取得了好成绩，我们就会喜不自禁。然而，如果你对喜悦之事起了贪心，或者生出过度的执着，比如，你希望孩子每次都有好成绩、你对孩子的要求越来越高，那么这个"喜"自然会失去滋味。

当我们感觉受到威胁的时候，一些情绪就会爆发，比如，惊恐、焦虑、害怕、担心……这些都和"恐"有关，我们希望自己能够躲开危险，比如，当你看到孩子做作业慢时，你就开始担心孩子的成绩会不会越来越差。你开始想，孩子如果成绩不好就考不上好中学，如果考不上好中学就考不上好大学、找不到好工作……这都是你的"恐"——担心和焦虑的情绪——所导致的一系列"灾难化"的想法。

另外，还有一种常见的情绪，那就是"怒"，比如，暴躁、痛恨、生气、烦躁……很多家长生气时会拍着桌子说："你到底有没有在听我讲！""这都不会做，你看看人家！""我都给你讲八遍了，你怎么还不会！"这些怒气貌似是由孩子不听话导致的，事实却恰恰相反。愤怒的情绪本质上是自我内在力量不足、希望能够恢复控制感的体现。也就是说，你"怒"的其实是自己搞不定的状态。

一些情绪和"失去"有关，比如，失意、绝望、抑郁、消沉……这时候家长特别容易对孩子不管不顾，破罐子破摔，甚至对孩子说一些挖苦、讽刺的话。

情绪是我们内心的真实想法的指路牌。

你对于情绪的感受越清晰，就越能对不同的情绪之间的差异进行精准的区分，你的情绪分化程度就越高，你的感觉也就越丰富。这意味着你能够准确地捕捉到自己内心的各种台词。有节制地经历情绪，清醒地觉察情绪，明智地反思情绪背后的内心动力，这就是现实生活中的最实际的心灵成长。

与情绪相处就是我们最重要的人生功课。

卸掉人生的盔甲

能够把自己的情绪看清楚还不够，我们还需要对自己处理情绪的的潜意识的反应时刻保持清醒。每个人都有处理内在情绪和冲突的方式，这在心理学上被称为防御机制。你可以简单地把防御机制理解为：人对痛苦感受的一种下意识的处理方式。防御机制是人为了处理解决不了的内心冲突而采取的措施，其目标是把自己不能接受的不舒适感处理掉。

拥有成熟的心理防御机制的人倾向于面对问题、解决问题，把内心的痛苦转化为现实的解决方案，同时能够使用负责、幽默、利他和升华等方式来面对人生。这样的家长自然不会对孩子"吼来吼去"，更不会把自己吼出"内伤"。而具有不成熟的心理防御机制的人往往希望立刻去掉痛苦的感受，倾向于把责任归咎于外，以非黑即白的态度看待事物，甚至通过对现实的幻想和扭曲来逃避困境。

把内心的"炸药"扔出去

最常见的不成熟的防御机制是"投射"。这里说的投射是指把自己内心处理不了、承受不了的"坏"感受直接丢出去。这些糟糕的感觉包括无法接受的低自尊感、不能被满足的期待、对愿望无法达成的愤怒……投射就是把自己的内心无法耐受的情绪冲动、欲望、挫败、怨恨、渴望都"扔"出去，丢到另一个人头上。

在现实生活中，投射无处不在，如今的"吃瓜群众"的网络暴力就是最常见的投射行为。可以匿名的网络特别容易让人变得不负责任，他们随意宣泄、肆意投射。内心不够成熟的家长，也会把自己的工作压力、挫败感、对人生的失望都扔给孩子。"作业"只是替罪羊。

不切实际的理想化

人的内心世界越脆弱、越自卑、越恐惧、越无助，越容易表现出对现实世界的理想化倾向。人们通过幻想出一个完美的状态、给自己制定一个不切实际的梦想、过分夸大自己的能力水平、把自己放在拯救他人的位置上等方式，在精神世界里创造出一种对现实的控制感。这种理想化的倾向特别容易表现为对孩子期待过高。大大小小的教育机构为了商业利益，也在刻意制造这种"理想化"——他们让家长们觉得每个孩子都是难得的"天才"，实现梦想是轻而易举的。于是孩子成了家长的欲望的延伸，成了一个理想化的自己。

非黑即白的误区

人在遭遇压力时，特别容易启动比较原始的防御机制，也就是本能的、低级的反应状态，比如，分裂、否定、贬低。这就好像一个在气头上的人难免陷入非黑即白、非对即错的误区，变得非常固执且具有攻击性。前一秒，准备开始练琴的孩子还是家长眼里的"未来贝多芬"，后一秒，家长就敲着五线谱，歇斯底里地说他："笨得要命，一无是处！"如果家长在孩子面前一会儿是天使，一会儿是魔鬼，如果家长在高兴的时候什么都答应，在不高兴的时候什么都拒绝，那么这位家长就很可能有"一分为二"的行为倾向，孩子的情绪问题也会比较严重。

实现自己未完成的愿望

有一个段子很有意思。父亲早上起来激励儿子说："你一定要好好努力，爸爸没实现的人生理想就靠你了。"儿子说："你也要好好上班，我当富二代的理想还要靠你。"这种对自己和对孩子有着双重标准的家长往往也有内心冲突。他们一方面不想努力，另一方面认为应该努力。==这个自相矛盾的内心状态的结果是，希望自己做那个自由自在的人，而让孩子扮演那个努力的自己。==大人不能面对自己的不得志，就期待孩子在未来扳回一局。还有些家长对自己要求不高，甚至特别不想负责任，但是迫于内心的"超我"的压力，对孩子表现得过分严格，希望以此体现自己是一个负责任的人。

不成熟的防御机制是我们的盔甲，更是我们的软肋。其目的是逃避痛苦、避免承担责任。然而，这并不能减轻你的痛苦，反而会让痛苦一次次地增长，一代代地轮回。

真正的成长，是卸下盔甲，面对现实。

清醒地觉知自己的"感觉"

卸下盔甲，并非一日之功。

我们处理情绪的方式是在成长的过程里，在日复一日地受到父母、家庭和环境的影响后形成的。这些防御机制就像是已经长在自己身上的"外衣"，彻底"脱掉"旧外衣、换上"新衣"并非易事。要想改变自己在原生家庭里养成的模式和习惯，你必须先对自己的情感模式有充分的"觉知"。在你没有深刻地理解你和父母之间到底发生了什么之前，真正的改变很难发生。

你需要对自己的每一种情感体验都非常熟悉。在情绪到来的时候，你可以尝试去给它命名，并且试着找出一个能准确描述它的词汇。同时你要去体会自己的身体感受，此时此刻你的身体有什么感觉？试着感受你的呼吸、心跳、血液、肌肉……当你有这样的身体感觉时，你的情感体验又是什么？你能回想起哪些往事和画面？在这些往事里，你和谁有关系？你们之间发生了什么？

你还要对自己的情感体验有足够的理解——这个情感反应和原生家庭中的哪些互动方式更相关呢？这些反应与我的家人的反应有哪些相似之处？这些感觉又是如何在我的职场关系、婚姻关系、亲子关系中不断重现的？

以下几个方面可以帮你观察和理解自己在原生家庭中养成的情感模式。

父母给予爱的方式

你的父母是通过忙里忙外地为你服务、洗衣做饭、收拾房间来表达爱，还是通过询问你的成绩和生活并给你鼓励来表达爱？他们的爱是否表现为无休止的担忧、过度侵犯你的界限？他们是如何理解爱的？

对行为方式的模仿

你的哪些行为方式和父母一样？你说话的样子、常使用的句子、你和你的伴侣相处的方式和父母相似吗？你的行为举止、吃饭的方式、收拾屋子的方式和父母相似吗？你可以在生活中细细体会，一一标记。

表达期待的方式

表达期待是沟通的重要任务。只有有效的表达才能加深理解、促进关系。当你的父母有期待、有需要的时候，他们是如何沟通的呢？当他们对彼此不满意的时候，他们又是如何处理的呢？你的处理方式和他们像吗？

压力状态下的应对方式

当你的父母面对压力时，他们是如何处理的？他们会相互扶持还是会相互抱怨？他们喜欢一个人默默承受还是喜欢向别人倾诉？你自己和他们有相似之处吗？

人生态度

父母的哪些人生态度在潜移默化地影响着你？你的哪些

内心的声音和父母非常相似。

你会经历一个个"恍然大悟"的瞬间。这些感悟可能会令你兴奋、激动，也可能会令你痛苦，让你想逃避。这个觉知的过程不是一蹴而就的，你需要不断体会，不断标记，不断总结。一些和父母关系太过糟糕的人可能需要接受专业的帮助。这是因为，如果我们和父母的关系比较复杂，那么很多感受就会交织在一起，难以理清。

努力遇见久违的自己，终归是值得的。

独立的起点：分清"你觉得"与"我觉得"

把"你觉得"和"我觉得"分得一清二楚实在不是"任性"，而是独立的起点。在心理学上，这是一个持续不断的"分离－个体化"的过程。

人的感受不是凭空而生的，人不可能不受到他人的影响。越小的时候有过的感受，越会进入无意识。分离－个体化的过程就是要把这些无意识的影响——意识化，使人能够准确地区分自我感受和他人感受，并且建立起自我界限感。把"我觉得"和"你觉得"彻底分清楚，这是一个于细微之处觉知的高段位修炼。

你会对自己有更清晰的理解——哪些感受是好的、哪些感受是消极的？哪个感觉受到了母亲的影响？哪个感觉受到了父亲的影响？哪些感受是在特定的情形下会发生的典型反应？在此基础上，你可以对感受进行更细致的剥离，尝试厘清在每一个特定的感觉里，"你觉得"是如何对"我觉得"产生影响的。

有些人对妈妈让自己吃很多东西很难受，对他人为自己付出很抵触。而他们自己也习惯以付出的方式获得他人的认可。这时候他需要对这个"难受"进行剥离。

你的难受里有哪些"我觉得"？
❖ 有"我说了也没用"的愤怒；
❖ 有"不想吃"的为难；
❖ 有拒绝妈妈后的内疚……

他人是如何对你产生影响的？
❖ 妈妈这么做是为了什么？
❖ 她的担心是什么？
❖ 她用这样的方式满足了自己的哪些愿望？
❖ 你的内疚是如何产生的？
❖ 为什么你每一次到了这个地方就"难受"？你采用过什么方法应对？
❖ 当你面对别人的时候，你的表现会不会和你的母亲一样？

这些都是别人的"你觉得"对你的"我觉得"产生影响的过程。

经历过细致的剥离之后，你会活得无比清醒。

❖ 妈妈很焦虑，因为她曾挨过饿，她把"担心吃不饱"投射到了我的身上。

❖ 妈妈对我有爱，希望我能吃饱，希望我健康。

❖ 妈妈希望通过"女儿特别喜欢吃我做的食物"找到做家庭主妇的存在感。

❖ 这些复杂的感觉会同时存在于妈妈的内心世界。

❖ 我产生了抵触的情绪，因为我吃够了，我很健康。这是我的感觉。

❖ 妈妈非常辛苦，她用这种自我牺牲的方式让我产生了内疚感。而我并没有做错什么。

❖ 对妈妈的忠诚让我不忍心拒绝妈妈。

❖ 我提出的需要总是被忽略，我十分愤怒，忠诚和愤怒让我有特别强烈的冲突感。

同样，这些复杂的感受，也会一一出现在你的心中。

❖ 当我面对别人的时候，我为了得到对方的认可，也不由自主地使用了这样的方式。

❖ 当我付出了而别人不领情的时候，我非常想控制别人的感受，这个反应像极了妈妈。

❖ 我开始明白为什么我的付出让人"望而生畏"，对那些不舒服，我都曾体验过……

如此清醒才算活得通透。

然后，你可以为自己做出新的决定。你要基于"我觉得"去行动。在新的行动中，你会产生属于自己的新体验。当然，这个过程就意味着选择和取舍。你恐怕要自己承担烹饪的任务，也要承受母亲的失落和自己的内疚带来的煎熬。这个反复修炼的过程会带来成长。你会形成新的稳定的应对策略。

成熟的应对策略涉及三个方面。

第一，哪些东西是可以继承的。生命本身就是一次最伟大的继承。全盘否定和全盘接受都是没有分离的表现。母亲的奉献精神、关心他人的品质、做饭的手艺这都是你可以继承的财富。

第二，哪些东西是需要舍弃的。母亲想从孩子们的"全部吃光"的行业中获得自己的存在感，这是虚妄而不实的，也是对他人的侵扰。

第三，哪些东西是可以转化为资源的。付出是宝贵的，但过分的付出就变成了对他人的侵犯和变相的控制。所以付出的尺度和分寸感是需要反复学习和练习的。在长期付出的过程中形成的对他人的需求的觉察力以及满足他人的能力可以转化为你的资源。

在形成新的应对策略的过程中，你始终会面临旧体验的冲击。这些旧的体验已经留在你的身体记忆里太久了，有些已经是顽疾。你需要不断调整、不断领悟、不断面对、不断强化新的行为方式，直到旧的感觉完全退去，新的体验完全形成。

把"你觉得"彻底变成"我觉得"的过程是对自我力量的巨大考验。

身体为什么知道答案

"心身疾病"正在成为一个大众熟悉的名词。简单来说，它就是指由心理原因造成的生理疾病，其最主要的特点是心理因素在疾病的发生、发展中起主要作用，但患者表现出来的是各种各样的躯体症状。这些躯体症状并没有病理依据，随着心理问题的解决，这些症状会自行缓解，甚至不治而愈。

一组针对职场人士的健康调查的数据显示：58.42% 的受访者表示受到颈椎、腰椎不适的困扰；42.77% 的受访者表示受到失眠的困扰；33% 左右的受访者因工作受到头疼（37.62%）、脱发（37.23%）、肥胖（36.24%）及肠胃不适（32.28%）的困扰。 根据相关研究，除了器质性疾病外，这些问题都与心理压力或行为习惯等心理因素影响相关，失眠、头疼、胃肠疾病、哮喘、心脏不适是常见的心身类疾病。

惊恐发作的症状与心脏病非常相似。患者的心脏并没有大的问题，但在发作时心悸的症状却很明显。抑郁会导致躯体疼痛，也会让患者原本的腰椎、颈椎问题在体验上被放大。虽然临床检查显示，相关的器质性问题并没有那么严重。可是患者对疼痛的体验却非常真实，这导致患者反复就医。很多人在创伤发作时会伴有剧烈的头痛、神经痛，但患者往往认为"那些陈年旧事早就过去了"。其实，事情只是被压抑和隔离了。身体会用病痛反复表达内心的冲突和未解决的问题。

所以，医生建议你去看精神科不代表你得了精神病。这只表明，你的身体问题很可能是由没有得到处理的心理问题引发的。身体方面的表现被称为心理问题"躯体化"。

躯体化是一种"退行"

躯体化是借由躯体症状表达精神不适的一种现象。

精神分析学派认为，婴幼期的个体的心理结构尚未充分发展，他们不能用语言进行交流，个体对外界的刺激主要是在躯体水平上做出反应。那么个体在遇到焦虑、恐惧时，会出现原始的躯体反应，我们可以将这种反应理解为儿童的躯体行为语言，比如，拉肚子、惊厥、发烧、异常的兴奋……

好的母亲能很好地理解婴幼儿的躯体语言并给予他们恰到好处的满足，但若婴幼儿的焦虑、紧张长期没有得到理解，需求长期没有得到满足，那么糟糕的感受就会积存在身体里。

虽然随着儿童慢慢长大，语言能力开始发展，但那种前语言期的感受会永远留存在潜意识里。在他们遇到挫折和压力时，早先的那种躯体反应就会重现，他们感到莫名的不适和焦虑，又找不到原因。整个人会退回婴儿式的用身体问题表达不安的状态里。

躯体化是潜意识愿望被压抑的产物

一个想大声呐喊的人，可能会有咳嗽的问题或其他的喉咙方面的问题；一个被压抑的人可能会有哮喘的问题；一个人如果感觉自己不被支持，他的腰可能就会有问题；一个人如果压力太大，他的背部和颈椎可能就会出问题。深深的情感断裂感和绝望可能引发血液方面的疾病；无力感和死亡恐惧则可能引发免疫系统方面的问题。

精神分析学派把躯体化的形成看作一种潜意识过程，一个人通过将自己无法处理的内心的矛盾或冲突转换成内脏和自主神经功能的障碍，来摆脱自我的内心困境。他们用躯体化症状代替不愉快的心情，进而减轻由某些原因造成的自罪感，并表达某种想法和情绪。总之，病人通过躯体化达到了压制潜意识的心理的目的。

弗洛伊德在对癔症的研究中发现，如果能通过催眠把压抑在潜意识里的心理内容带到意识层面，那么患者的躯体化症状，以及幻觉、疼痛、失忆等症状就会消失。癌症和糖尿

病是目前已经被证实的典型的心身疾病，与被压抑的愤怒和
无法转化的情感有关。很多医院都已经开始采用心理治疗的
方式辅助临床治疗了。

躯体化症状带来的继发性获益

有意无意地借着症状获得好处，这是我们常用的"小聪明"。孩子如果生病了就不用去上学了，成年人也可以借由生病逃避某种责任和义务，寻求别人的注意和同情。

在社会中，一个生病的人，比较容易获得同情和理解，而诉说心理烦恼却可能会被视为软弱无能，所以大量的躯体化症状就带来了"继发性获益"。有些人身体上的问题迟迟不能被"治愈"，也就很容易被理解了。

"身体知道答案"，这句话很流行，躯体化就是身体在把答案呈现给你。你能读懂吗？

吃葡萄干到底是为了练习什么

我在某个周末出席了大学同学的一个小范围聚会，中年人的话题已经从之前的事业发展、青葱往事，变成了健康问题。身体是让我们回到现实的最真实的依据。人到中年，一朝力不从心，转眼已非少年。

关于自我的身体意象，是自我意识的基础，也是心理健康的一个重要评估维度。我们在临床中发现，精神分裂症患者多伴有明显的身体意象障碍，比如，自己的脸变形了、身体碎了、脑子里被植入了芯片、身体里有东西在扩散……现实与想象之间的界限受到了严重损害，患者甚至会出现对身体的伤害性行为。在患有边缘型人格障碍的人中，现实和想象的界限不够清晰、稳定，他们对自己的身体和外貌缺乏现实的评估。他们中的一些人很少照镜子，停留在对自我的"想象"里。

性别、力量状态、皮肤感受、器官的内感受、身体紧张度，等等，都是非常重要的自我感觉。也是一个人获得现实验证的基础。由此看来，美颜和滤镜实在是让人远离真实的"隐形杀手"。

正念认知疗法是以乔·卡巴金创立的正念减压疗法为基础，结合认知行为疗法于20世纪90年代被发展出来的一种系统的、完整的训练方法。它被大量全球性的研究证明能有效地预防焦虑症、抑郁症，以及抑郁症的复发。同时，它可以被用于辅助治疗失眠、情绪障碍、慢性疲劳综合征、癌症复发、社交恐惧等身心问题，也同样适用于健康人群的压力管理以及提升觉察力、专注力和生命的韧性。

正念的核心精神是不带评判地，对当下的身心经验进行觉察。正念训练中有一个非常经典的"吃葡萄干"练习，这个练习就是为了培养我们对身体的深入觉察，帮助我们学习活在当下的智慧。

你可以留出 5 ~ 10 分钟的时间，跟着下面的提示，自己尝试这个练习。

确保你一个人位于一个空间内，不受电话、家人、朋友的打扰。关闭手机，避免它打扰你。

你需要几粒葡萄干（其他干果或小型坚果也可以）。你还需要准备一支笔和一张纸，以便稍后记录你的反应。

记住，你要慢慢地做，让每个动作都像是电影中的慢动作一样。

把几粒葡萄干放在你手中。如果你没有葡萄干，其他食品也可以。请想象自己刚从一个遥远的星球来到地球，那个星球上没有葡萄干这种食物。现在，这种食物在你的手里，你开始用你所有的感觉来探索它，就好像你从未见过和它类似的东西一样。集中注意力看这个物体，仔细观察它，探索它的每一个部分，就像你以前从未见过它一样。用你的手转动它，并注意它是什么颜色。

拿起一粒葡萄干（或者你选择的干果或坚果），将它放在手掌上或用手指捏住。将注意力放在葡萄干上，认真观察，就好像你以前从未见到过这种东西一样。你是否能感受它在手掌中的重量？它是否在你的手掌中投下了小小的阴影？

注意它的表面是否有褶皱，再看看它的表面有哪些地方的颜色较浅，哪些地方颜色深暗。

接下来，探索它的质感，感觉一下它的柔软度、硬度、粗糙度和平滑度。当你这么做的时候，如果你的脑海中出现了一些想法，例如，"我为什么做这个奇怪的练习""这对我有何帮助"或"我讨厌这些东西"……那么就请你默默地看着你的这些想法，然后随它们去，再把你的注意力带回到这个物体上。

把这个物体放在你的鼻子下面，仔细地闻它的气味。

把这个物体放到你的耳边，挤压它，转动它，听一下是否有声音传出来。

慢慢地把这个物体放到你的嘴里，注意一下手臂是如何把这个物体放到嘴边的，或者注意一下你是何时开始意识到你嘴里的口水的。把物体缓缓地放入嘴里，放在舌头上，不要咬它，只去仔细体会这个物体在你嘴里的感觉。你准备好后，就可以有意地咬一下这个物体，注意它在你嘴里是怎样从一边跑到另一边的，同时也注意一下它散发出的味道。

慢慢地咀嚼这个物体。注意你嘴里的唾液，在你咀嚼这个物体的时候，它的黏稠度是如何变化的？当你准备吞咽的时候，请有意识地注意吞咽这个动作，然后留意一下你是否注意到了吞咽葡萄干的感觉。你为这个吞咽做了哪些准备？

去感受它滑入你的喉咙，进入你的食道，再进入胃里。

最后，用一点儿时间感受吃完葡萄干后的感觉。口腔中是否还有余味？没有了葡萄干，口腔中的感受如何？你是否有自动拿起另一粒的冲动？

你可以在这粒小小的葡萄干的带领下，一点点找回现实和身体的感觉。

==你的身体感受里，藏着你的整个精神世界。==

自主书写刻意练习：情绪日记

（用手机微信扫描二维码，
即可边听边做）

刻意地记录某一个困扰自己的情绪问题并保持一段时间的持续观察和书写，有助于我们完整地分离个体化的过程，并对自己的感受和关系有更加清晰的理解。

当某种情绪在某类特定情境下反复出现并困扰我们的时候，我们可以尝试运用以下表格（见表 13-1）。

这个情绪平复之后，你最好在次日再次回顾这个情绪（见表 13-2）。

表 13-1　情绪记录表（阶段 1）

发生了什么	
我有一种什么样的情绪体验 （身体感觉、情绪的类型和强度、伴随着哪些想法）	
这种情绪的强烈程度（1 ～ 10 分）	
当这个感觉出现时，我还会想起哪些往事或画面	

表 13-2　情绪记录表（阶段 2）

情绪的平复花了多久？我采用了什么样的方法？现在的情绪强烈程度（1 ～ 10 分）	
这个情绪感受是怎么来的？它可能和我的哪些关系或过往的经历有关	
给我带来强烈情绪体验的这个人或这件事和我遇到的哪个人或哪件事很类似？试着回忆一下过去都发生了什么	
我的内心有哪些想法？我还可以有其他的应对方式吗	

　　当生活中出现了与此事相关的事件，并且此事件对你有所启发的时候，你可以尝试使用以下表格（见表 13-3）。

表 13-3　情绪记录表（阶段 3）

生活中发生的什么事让我对这个情绪有了新的感悟？现在的情绪强烈程度是多少分（1 ~ 10 分）	
我自己得出了哪些有关这件事的新的想法或者结论	
如果这类情况再次发生，我打算怎么做	
为了防止这个负面情绪或者做法再次产生，我打算做点什么	

当这个情绪反复产生的时候，你还可以重复记录。

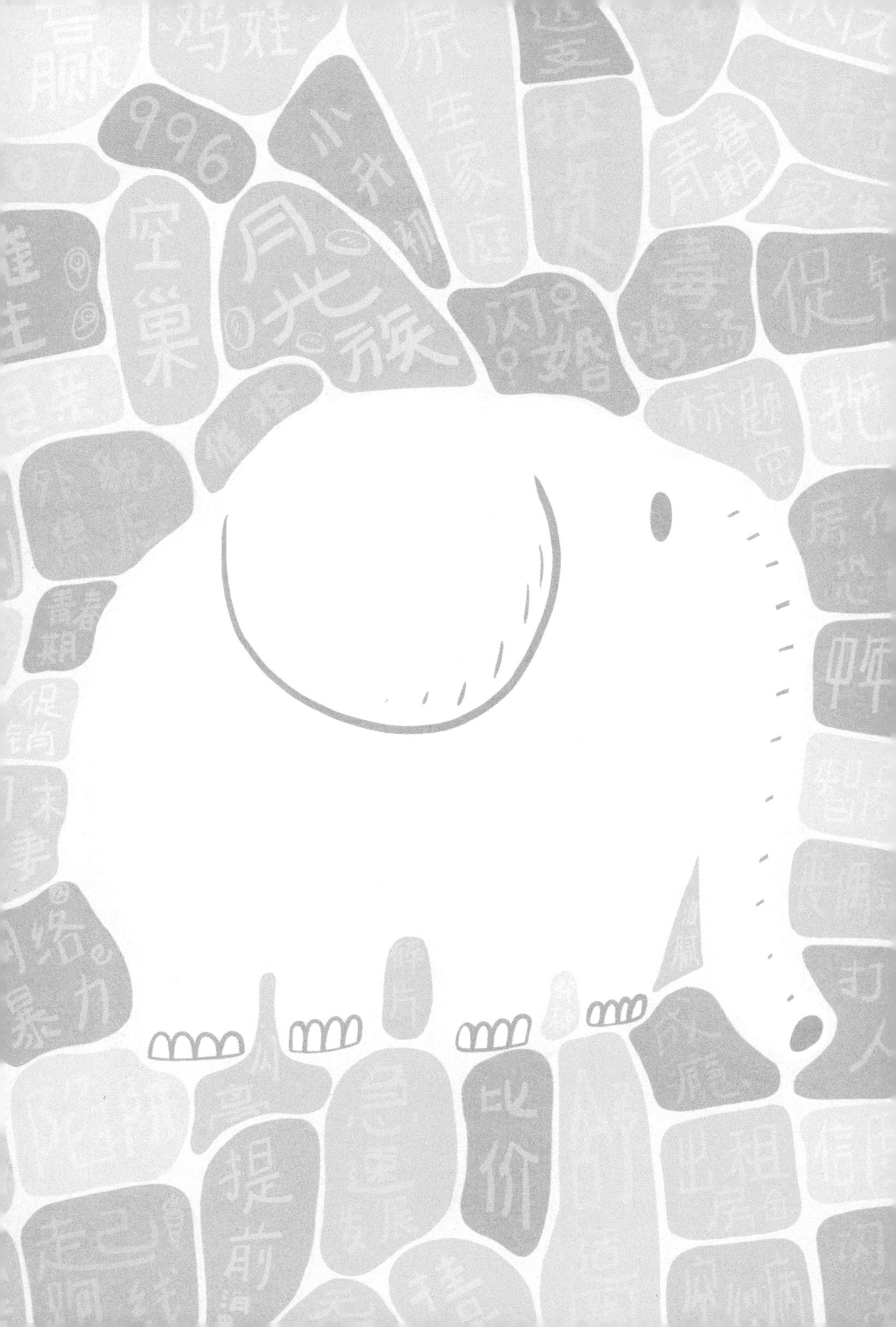
鸡娃
996
小升初
原生家庭
空巢
月光族
闪婚
毒鸡汤
青春期
促销
网络暴力
比价
提前

"心理创伤"是个专业术语

战争、洪水、地震、火灾、空难等，这些超越了我们的一般经验和承受能力的事件，以及在关系中长期经历的忽视、情绪虐待、躯体虐待等都会给人的心理带来毁灭性的打击。强烈的恐惧感、无助感、失控感和被威胁感都会造成心理创伤。

针对创伤的科学研究是一次伟大的进步，这让更多的人有机会走出心灵的困境获得重生。

创伤治疗领域中也存在很多争议。心理学家阿德勒不支持创伤的观点，认为心理创伤根本不存在。他认为，将问题仅归咎于过去发生的事、一味地关注过去、把创伤泛化未必是一件好事。任何经历本身都不是一个人成功或失败的原因，我们自己赋予这段经历的意义才是。你可以让经历变成伤害，也可以让它变成一次成长。经历了创伤之后，你是选择继续像从前一样，还是会选择新的生活方式？一切也都在于你自己。

近些年来，我发现"创伤"这个词的确被"过度使用"了。随着原生家庭的概念的流行，人们开始把性格问题、工作问题、婚姻问题都归因为童年的创伤。每个人都开始深挖自己的"创伤"，并对由过往经历造成的现实问题唏嘘不已。很多人在养育孩子的过程中，更是出现了过分小心的倾向。家长们生怕自己一不留神对孩子造成心理创伤，成了书上的"不会爱"的家长。

当你有机会深入地触摸到每一个生命的内心深处，你会发现，每个人的人生都困难重重。谁的人生不带"伤"呢？这又何尝不是生命的常态呢？

面对无常人生的失控感

我有一位朋友参加了一个主题为"心理突破，蜕变重生"的训练营。训练一共三天，全程封闭。第二天晚上有一个练习叫"解脱绳索"。会场里面的灯全关了，学员们戴上了眼罩，手脚也被捆住了。教练要求大家相互帮忙，在 30 分钟内解开绳索。整个会场的气氛顿时变得十分紧张，大家免不了喊叫、相互推搡。最后，虽然所有学员都完成了任务，但开灯时每个人的样子都狼狈不堪。在分享环节里，有学员泪流满面地讲述了这个训练是如何让他想起了过去的痛苦经历，并宣布自己已经解开了绳索，获得了重生。虽然场地里安排了保护措施，在整个过程中也并没有学员受到身体上的伤害。但我的这位朋友回来后就出现了持续的睡眠障碍，她在晚上经常被噩梦惊醒，自己在黑暗中尖叫的画面不断出现在脑海中……她出现了创伤性的反应。

俄国科学家巴甫洛夫在他的条件反射实验中就曾发现过"创伤"。1924 年，当地遭遇了洪水。用来做实验的狗被关在笼子里，当洪水来的时候，它没办法逃走，洪水没过了狗的胸部。洪水第二天才退去。巴甫洛夫和学生们发现，狗出现了奇怪的反应——打开笼子之后它要么就躺在那里不动弹，要么就疯狂地撕咬面前的人。发生了什么呢？卡在那里动不了、近乎失控的攻击都是典型的创伤后反应。

洪水来了，狗面临灭顶之灾，却无法移动，它什么都做不了，就像我的那一位被捆住了手脚、在黑暗中面对踩踏和推搡的朋友。这样的经历造成人的内心彻底失去了控制感——我什么都不能做，我无法救自己。这样的在精神上被摧毁的遭遇会造成心理创伤。

关系是应对失控感的良药。第二次世界大战期间，伦敦遭遇了连续的爆炸。人们为了确保孩子们的安全，让孩子离开他们的父母，迁移到远处的农场。有几千个孩子被送至远离爆炸区的农场，而另外几千个孩子跟着父母在爆炸地——

伦敦生活。战争结束后，安娜·弗洛伊德做了一项研究，她把生活在远离爆炸区的郊区的儿童同与父母一起生活在伦敦的儿童进行了比较。她发现，与父母一起生活的儿童受到的影响反而比生活在郊区的儿童更小。尽管外在危险重重，但儿童如果能与父母在一起，能得到关系的支持，他们会感觉更安全。

失控感是导致创伤的核心因素。如果人可以移动，可以逃跑，可以采取行动，那么创伤形成的可能性就会大大降低。启动各种灾后应急救援系统、投放食物和药品、搭起临时住所、救援人员奔赴现场……这些措施都是为了不遗余力地、争分夺秒地恢复人们的控制感。身安方可心安。人们得到支持和帮助后，在方舱医院跳起了舞蹈，在地震的废墟上支起了麻将桌。帮助勇敢的人在灾难面前采取行动，将命运重新把握在自己手中，就是最好的心理援助。

失控感，是人类在无常面前的"全军覆没"。

创伤，是友善的提醒，亦是自发的铭记。

创伤，搁浅的人生

创伤在人的精神世界留下的印记是令人"煎熬"的。

很多人会出现警觉、闪回、噩梦、回避、失眠等症状。

有些人会出现解离症状（dissociation），他们总是恍恍惚惚，有的人出现身份障碍，甚至不知道自己叫什么。还有些人陆续出现各种慢性的疑难杂症，这些病症往往不是器质性病变，而是和躯体症状相关的障碍。

高唤起的警觉

人处于高度警觉的状态以警戒随时可能回来的危险，人会突然出现震惊、暴怒、攻击性行为。外界似乎充满了威胁，而人要与随时会出现的危险进行压倒性的本能战斗。他们吃不下、睡不好、难以接近、不容易恢复平静，甚至会出现物质成瘾、自伤和自杀的行为。

闯入性的画面

危险已经过去了，但创伤时刻留下的印象挥之不去。遭受创伤的人会在精神世界里不断地重新体验此事件，就像它还在发生一样。时间停在了创伤那一刻。创伤事件在脑海里不断地闪回，随之而来的是对原始事件的强烈情感的"真实"的重现。

无可救药的麻木

最容易被忽略的受伤者是那些"平静"的人。他们异常地冷静。恐惧、愤怒和痛苦好像并不存在。其实，这是因为冲击过于剧烈，心灵无法解释，强烈的情感瞬间被锁定了，人甚至会丧失语言功能。这样的遭遇者很可能有更严重的创伤问题，时间感可能会消失，内心可能会出现解离和破碎感。有的人会陷入漫长的抑郁之中。

这些都是急性的应激反应。如果受伤者得到有效的支持，并且个人心理功能也比较完善，一般在三天到一个月内症状会慢慢淡化，直至消失。如果症状持续一个月以上，受伤者很可能会被诊断为创伤后应激障碍（PTSD），PTSD通常会在三个月到半年内恢复。超过十二个月、二十年、五十年，甚至终身的，被称为复杂型PTSD。

复杂型PTSD会严重影响人的自我功能。患者会出现对自我认知的摧毁，即贬低自己，认为自己毫无价值，患者难以亲近他人。有儿童期创伤史的人特别容易在现实事件爆发后出现复杂型PTSD。因为在他们的心里，一直埋藏着失控的种子，对他们来说现实中的灾难更不容易过去。

研究人员还发现，如果一个养育者有创伤后应激障碍，这种精神状况会被传递给孩子。他们不仅仅会影响第二代，甚至会影响第三代。这被称为代际创伤。很多历史事件会影响几代人。历史的记忆、集体的记忆、家族的记忆会代代相传。

创伤使人在过去的洪流中搁浅，跌入精神世界的"炼狱"。

不要让生命停留在那一刻

祥林嫂是鲁迅的小说《祝福》中的人物。失去丈夫的祥林嫂听说婆婆要把自己卖掉，于是她连夜跑到鲁镇，到鲁四老爷家帮佣，不料又被婆婆抢走与贺老六成了亲。贺老六忠厚善良，后来却病死了，儿子也被狼吃掉了……一连串的打击给祥林嫂造成了巨大的心理创伤。

"我真傻，真的，"祥林嫂见人就说，"我单知道下雪的时候野兽在山坳里没有食吃，会到村里来；我不知道春天也会有。"

开始人们还会敛起笑容，陪出许多眼泪来。但一次次的重复后，"就连最慈悲的念佛的老太太们，眼里也再不见有一点泪的痕迹"。

"我真傻，真的。"祥林嫂停留在了失去儿子的那个春天。生活再也没有办法出现新的可能性。为什么会这样呢？

人们记住的创伤不会是一个完整的故事。也就是说，人很难整合创伤性的记忆。这导致创伤性记忆，只是一些碎片化的体验。它们类似于破碎的图像，或者是一些感觉、声音、画面、嗅到的东西……这些都可以作为一个刺激，或者说激发物，让那些创伤经历不断重现。但人们就是没有办法和过去的事件完整地关联起来。对于祥林嫂来说，"春天也有狼""我真傻"等破碎的想法反复出现，但她无法还原整个事情的"原貌"，因此也无法与过去完整地告别。

世事难料，生活中还有很多这样的无法"告别"——被伤害而无法和解、面对意外无法释怀、失去唯一的孩子、爱人不辞而别……

心理学家皮埃尔·让内说："如果你没有办法'照顾好'创伤，并把它放回到过去，那么你就很难接触到新的内容。"人在经历创伤的时候，大脑的额叶功能关闭了。额叶帮助人清晰地思考、制订未来的计划，以及思考行为的结果。在某种程度上，人格的发展也在创伤发生的那一刻停止了。现代创伤治疗技术通过表达、重新经历、暴露、眼动脱敏、认知调整等方法帮助受创者"照顾好"过去的经历，帮助他们回到过去，却不必被其淹没。在恢复自我能量后，人能够再次回到当下，然后面向未来。

如果你想让生活继续向前，你必须把创伤留在过去。你需要想象出一些新的可能性，相信事情还可以变得不同。

《美丽人生》是一部反映第二次世界大战的故事片。一对犹太父子在儿子乔舒亚五岁生日那天被送进了纳粹集中营。父亲圭多不愿意让儿子幼小的心灵蒙上阴影，他千方百计地"哄骗"儿子说，他们是在玩一场"游戏"，集中营中的各种"考验"都是游戏的一部分。遵守游戏规则的人最终能获得一辆真正的坦克。父亲圭多忍受着饥饿、恐惧、寂寞和恶劣的环境，每到夜晚，众人睡下后，父亲就跟乔舒亚一起总结今天的"游戏表现"，鼓励孩子坚持到底。在解放即将来临之际，纳粹分子准备在深夜逃走。父亲圭多将儿子藏在一个烟道里，叮嘱儿子不要出来，他说这是游戏的最后一关，想要过关就要坚持一整晚不出声。而父亲圭多就在那一夜被枪杀了。天亮了，乔舒亚从烟道里爬出来，一辆美国的坦克隆隆地开到了他的面前……

乔舒亚经历了重大的灾难，心灵却没有遭受创伤。这是因为在他的精神世界里，根本没有出现过"失控""恐惧""暴力""对死亡的威胁"……父亲圭多，用自己的生命和智慧，为儿子重新建构了一个"美丽人生"。

创伤击碎了我们的精神世界，让我们停在生命的废墟里。而爱和想象力可以帮助我们在这座废墟上重新建构未来。

宿命是强迫性重复

"宿命"好像是一个魔咒。

我总会被同样的人所吸引，而每一次我都会受伤。
我在每一家单位都会遭遇强势的上司和糟糕的人际关系。
我总是会在关键的时候把事情搞砸。
……

这样的宿命，被英国精神分析家琼斯称为强迫性重复：一种对早期的经验与情境的盲目重复，个体不考虑能否得利，也不考虑重复引起的是快乐还是痛苦。个体总是不顾这种行为的危害有多大，或者多么具有毁灭性，被迫一再重复它，而自己的意志根本无能为力。

重复，不过是为了能够扳回一局。

弗洛伊德曾说过："如果不能消化好创伤，那些被压抑下去的东西注定会变成当下的经历被重复出来。"这一概念是弗洛伊德于 1920 年在《超越快乐原则》一文中提出的。他发现，孩子在妈妈离开房间后，会把他最喜欢的玩具从小床里扔出去，再哭闹着把玩具要回来，孩子会不断地重复这个过程。弗洛伊德认为，孩子是把玩具当成了妈妈的替代品，他们不断地扔掉这个玩具再重新得到，其实是在不断地重复体验妈妈时不时离开自己所带来的创伤，他们希望把自己不能控制的妈妈的离开变成可控的行为。

一个人在经历创伤的瞬间会被压倒性的力量淹没，从而失去控制感，并感到孤独无助。这种未完结的创伤性体验会被储存在一种特殊的"活跃记忆"中。之后，人就会不断地想要通过"重现""重新控制"让这些记忆结束。

复杂的创伤之所以难以被治愈是因为这些创伤往往发生在童年早期，可怕的经历深深根植在生命的无意识之中。越早期的创伤经历，越不容易被治愈。幼年生活中的心理创伤会驱使人不断地、不自觉地、强迫性地在心理层面退回到遭受"挫折"的心理发育阶段，在现实中重复和童年期类似的痛苦和情结。这实际上是一种试图治愈童年创伤的本能努力。

这就是你为什么总是与那些使你产生深刻而强烈的体验的人相遇，总是被类似的情境所吸引，并且不由自主地与他们发生爱恨交织的关系。这些人和事中蕴含着类似的创伤记忆，他们让我们借着快乐或痛苦的深度情绪互动过程，去弥补过去的遗憾，实现对过去的补偿，恢复对命运的控制感。

我们想要"掌控"过去，想要"重写历史"，想要扳回一局。

然而，这种努力似乎总会以失败告终，失败会再次激发下一次的努力，如此循环往复。扳回一局的努力为什么会失败呢？

有个女孩，她的童年很不幸，她有一个酗酒、崇尚暴力、外遇不断的坏爸爸。好不容易长大成人后，她在自己终于可以自由选择生活时，竟然又选择了一个没有责任心、酗酒、跟自己的闺蜜暧昧不清的男朋友。

在心理咨询的过程中，女孩自己慢慢找到了答案。

她对父亲的感情爱恨交织。她知道父亲是一个善良的人，他酗酒和施暴是为了发泄心中的不如意。她在无意识里渴望自己可以拯救父亲。这种拯救的愿望，也落在了和父亲非常相似的男朋友身上。面对父亲的暴力，她非常自责："如果我更乖更听话一些，他是不是就会对我好一点？"于是她也近乎偏执地为男朋友付出，她在内心里相信："我要做得更好一些，我要更爱他一些，他一定会变好的。"而这些想法，恰恰导致了男朋友的恶劣行为的加剧。

"自责"会让受害者感到自己仍然对自己的命运有一定的掌控力，从而帮助他们回避了彻底的无能为力的感觉。通过把所遭受的创伤归因于"我自己有问题"，个体同时获得了一个"只要我自身的问题解决了，事情就不会再出现"的控制感。"拯救欲"也可以让自己在某种程度上，获得想象中的控制感。

"熟悉"是另一个非常重要的原因。找一个新的、不一样的男朋友，需要她重新适应新的相处的方式。内心非常没有安全感的人会害怕因此失去控制感，不确定的未来会让她无比焦虑，所以她只能努力地以自己认为可以控制的方式生活，从而一次次地加深"执念"，一次次地重复悲剧，一次次地叠加着自己的创伤体验。

要扳回这一局，她需要做的恰恰不是"努力"，而是"放弃"——不再努力地追求控制，放弃造成创伤的认知和行为方式。

打破因果，才能不再轮回。

创伤是生命的自我救赎

小象出生在马戏团中，它的父母也都是马戏团中的老演员。

小象很淘气，总想到处跑动。工作人员在它的腿上拴了一条细铁链，并将另一头系在铁杆上。

小象对这根铁链很不习惯，它用力地挣，但挣不脱，无奈的它只好在铁链的范围内活动。

过了几天，小象又试着挣脱铁链，可还是没成功，它只好闷闷不乐地停下来……一次又一次，小象总也挣不脱这根铁链。慢慢地，它不再去试了，它习惯了铁链，父母也是一样嘛，好像生活本来就应该是这个样子。

小象一天天长大了，以它此时的力气，挣断那根小铁链简直轻而易举，可是它从来也没想过这样做。它认为那根链子对它来说牢不可破。这个"无力"的心理暗示早已深深地植入它的心中。

这个小象的故事讲的是"习得性无助"。

1967 年，美国心理学家塞利格曼做了一项经典实验。他把狗关在笼子里，只要蜂音器一响，狗就会遭受电击，狗被关在笼子里逃避不了电击。这样操作多次后，研究人员在蜂音器响过后，在给予电击前，把笼门打开了。但此时狗却不逃，它不等电击出现就先倒地，开始呻吟和颤抖，它本来可以主动地逃避，现在它却绝望地任由痛苦来临，这就是习得性无助。

创伤带来的另一个更加隐蔽的问题就是习得性无助。那些经历过至暗时刻的人，开始不相信未来还有其他可能性，他们任由生活随意展开，任由伤害继续发生。

人生总有一段漆黑的路需要我们独自前行。未完结的心愿、等待宽恕的命运、不得不放手的人……即使经历了这一切，你依旧要相信，生命具有不可思议的自愈力，只要你不放弃，创伤就会变成生活给予我们的额外馈赠。

你看，舞台上的挥洒自如的喜剧大师，多是生活坎坷、内心敏感又抑郁的人。哪个大艺术家、大哲学家没有经历过痛苦？伟大的作品也源自痛苦。哪个青春期的孩子不迷茫？哪一段爱情不是既有欢笑又有泪水？地震、洪水、疫情……这些痛苦的经历反而让我们同呼吸、共命运，让我们更加珍惜生命中那些来之不易的幸福。每一次心灵的煎熬都可以唤醒生命的智慧和潜能。

创伤是让生命得以自我救赎的力量。

海明威写道："生活总是让我们遍体鳞伤，但到后来，那些受伤的地方，一定会变成我们最强壮的地方。"

理性对待创伤

受传统影响，人们对当众谈论自己的心理创伤有羞耻感。这会被定义为软弱、不够坚强，或者没有能力保护好自己。同时，很多中国人对心理疾病的理解还停留在"心理问题就是精神病"的阶段。人们对心理问题缺乏认识，患者有病耻感。书写，为我们带来了一种安全的自我表达方式，给我们的自我疗愈带来了可能性。

书写是一门古老的手艺，把书写应用于心理治疗却是 20 世纪 80 年代才有的事。美国的心理专家詹姆斯和他的一个研究生桑德拉·贝尔一起做过一项有关创伤书写的研究，结果显示，书写创伤经历的学生发现书写完成之后，他们的悲伤和焦虑感明显增强，詹姆斯把这种感受比作刚刚看完一部悲伤的电影后的感受。书写这些情感并不能立刻带来情绪上的放松和愉快感，但从长期的数据来看，因为疾病到健康中心求助的学生的比例会降低。在写作之后的几个星期和几个月内，他们的抑郁、反刍思维的程度下降了，焦虑情绪减轻了，这个书写的过程使人的整体幸福感得到了提高。在俄亥俄州迈阿密大学的实验室、新西兰奥克兰医学院，以及其他地方，研究人员都发现这种情感写作与免疫功能增强有关。

当然，每个人遭遇创伤事件时的压力是不同的，个体的心理承受能力也存在差异。当你在书写的过程中出现难以调节的情绪状态时，我建议你停下来。在自己还没做好准备的时候，不要强迫自己去面对。如果你遭遇了重大创伤事件，你要寻求专业的帮助。评估个人心理问题是否严重可以从个体感觉到的痛苦程度、社会功能的受损程度（是不是能正常上班、上学、社交）、症状持续时间三个主要维度进行。过度进食、吸食违禁品、危险的性关系、伤害自己的行为都不是解决之道，需要立即停止。

看到创伤是对生命的清醒；面对创伤是对人生最沉重的接受；宽恕创伤是最伟大的慈悲；在创伤中寻求自我救赎是化解焦虑的终极解药。

自主书写刻意练习：整合日历

坚持对自己的内心变化、感悟进行总结，并对照着现实中发生的事件观察、确认自己的进步，是一步步走出创伤经历的有效方法。

你可以按照书中介绍的各种方法持续地坚持书写。表达和释放对于治疗创伤有帮助。情绪的平复会让你在某种程度上重新获得控制感。

连续记录重大现实事件并书写感悟可以帮助你在现实和内心的对照中逐渐实现内心的整合，从而修复破碎感。对个人变化的持续记录和确认有助于个体形成具有连续性的时间感，增强自体连续感（见表 14-1）。

　　看到自己在现实中的努力，给予自己充分的肯定，有助于增强内心的力量，获得重新建构生活的勇气和信心。

人生的五个短章

——波歇·尼尔森

第一章

我走上街，

人行道上有一个深洞，

我掉了进去。

我迷失了……

我很无助。

这不是我的错，

我费了好大的劲儿才爬出来。

第二章

我走上同一条街，

人行道上有一个深洞，

我假装没看到，

还是掉了进去。

我不能相信我居然倒在同样的地方。

但这不是我的错，

我还是花了很长的时间才爬出来。

第三章

我走上同一条街，

人行道上有一个深洞，

我看到它在那儿，

但仍然掉了进去……

这是一种习惯了。

我的眼睛睁开着，

我知道我在哪儿，

这是我的错。

我立刻爬了出来。

第四章

我走上同一条街，

人行道上有一个深洞，

我绕道而过。

第五章

我走上另一条街。

表 14-1　整合日历示例

时间	主要情绪状态及内心感悟	重大现实事件	给自己点赞
×月×日	• 可以在此处，记录从情绪日记及其他书写内容中提炼出的内心状态、感悟的要点	• 此处摘录重大现实事件，特别是和创伤性经历有关的事件 • 不仅要记录事件，还要标注条件的发展变化	• 此处记录对自己的肯定——自己克服的困难、获得的进步
……	……	……	……
周复盘	三点心得	一个好消息	一个小奖励
×月×日			
周复盘	三点心得	一个好消息	一个小奖励
月复盘	三个感谢	一个小跨越	做一个小决定

我 特别喜欢一部电影——《海上钢琴师》。

它由朱塞佩·托纳托雷导演，讲述了邮轮"弗吉尼亚"号上的一个弃婴在邮轮上成为一名出色的钢琴师，并在最后随邮轮沉没于海底的故事。

故事发生在 1900 年。邮轮上的煤炭工人丹尼，在头等舱的钢琴上意外发现了一个被遗弃的新生儿，丹尼为他取名"1900"。1900 没有户籍，也没有国籍，大海上的这艘游轮就是他生命的摇篮。1900 无师自通地学会了钢琴演奏，震惊了众人，也吸引了越来越多慕名而来的旅客。小号手马克斯在因缘际会下来到"弗吉尼亚"号，鼓励1900 下船去向全世界展示他的天赋。可是 1900 始终未曾踏足陆地一步，直到他在为唱片公司录制个人专辑时，意外地见到清秀动人的女孩帕多瓦，他才第一次萌生了离开"弗吉尼亚"号的念头。

就在他和众人挥手告别，即将走下邮轮时，想到陌生的都市丛林、未知的规则社会，1900 转身返回了"弗吉尼亚"号，放弃了自己的新生活。1900 最终没能离开这艘邮轮，也没有离开他精神上的摇篮，一生漂泊在命运的海洋之上。事业和爱情都没能指引他踏上现实的土地。

最后 1900 随着"弗吉尼亚"号一起沉入了海底，唯有他曾经为爱情制作的那张唱片被收购旧乐器的商人带进了现实世界。

有些人活了一生，却从未在现实里出生。

从一次次分离中独立

人生的独立是在一次次分离中完成的。

第一次分离是出生，我们作为一个新的生命诞生了。

这是在身体上和我们的母亲第一次完成了分离，然而，我们的精神世界却一片混沌。早产、不顺利的生产过程、在新生儿时期遭遇重大疾病，都会对我们的心理发育产生影响。顺利出生的新生儿如果能吃好睡好、得到充分的照顾，便会认为自己降生到了一个安全的世界，这将成为他持续一生的精神发育的起点。对于电影中的 1900 来说，他虽然降生了，但很快被遗弃，远离了母亲的怀抱，被放在冰冷的摇篮里，被搁置在钢琴上。这就是他的生命之初的精神世界的样貌。他爱钢琴，也依恋摇篮。他只能在弹奏中延展自己的精神世界，却无法走进现实。

第二次分离是在 0 ~ 3 岁，我们开始形成自我意识。

婴儿渐渐长大，慢慢开始发现自己。

首先，在躯体意象上婴儿将自己与母亲彻底分开了，也就是说，婴儿在自己的精神世界里知道自己和妈妈不是一个人。他开始微笑着回应母亲，并且与母亲互动，慢慢地学会了照镜子和使用自己的身体，他开始"认生"，知道了熟人和生人的区别，这些都带来了身体上彻底的分离。

其次，他的个体感觉不断地加强。小婴儿学会了走路，他开始挣脱父母的怀抱，独立探索世界。他要自己喝奶，要自己穿鞋子，要坚持把玩具按照自己的要求摆成一排。他开始不停地说"不"，用自己研究的满地打滚的办法达成愿望。这都是他在找"我"的感觉。

最后，他要解决"客体恒常性"（object constancy）的问题。他明白了即使客体在某些情况下无法被看见、被触摸或被感知到，它们也依然存在。这使他能够离开父母的视线，而不害怕父母会消失。在情感上他们开始能够不完全地依赖父母。他们可以顺利地进入幼儿园，而不产生淹没性的分离焦虑。

如果养育者在照顾孩子时忽冷忽热，孩子就无法在内心建立稳定的客体印象，对分离充满焦虑。养育者对孩子过度控制、过度保护，也会让孩子产生精神依赖，孩子觉得自己离不开父母。如果养育者失去界限感，过度侵入孩子的精神世界，孩子就分不清自己和父母的界限，无法形成独立的自我意识。

第三次分离是在青春期——"我要成为我自己"。

你会发现青春期的孩子不再愿意和家长一起出门，家长未经允许不能进入他们的房间，日记本也上了锁，这都是他宣布独立的重要表现。

首先，他充分地意识到自己和父母是不同的。他在换衣服的时候会避开父母亲，会在意自己的私人空间；他有了自己的秘密，不再向父母诉说所有的感受；他在朋友圈里屏蔽了自己的父亲和母亲。有时候他们好像特意要用一些夸张的方式来强调："我们不一样，我们要'分开'。"

其次，在价值观上，他们要建立起一套独立的评价倾向。他们不再被父母的价值观束缚，这是在思想认知上的独立。他们甚至会重新思考父母的形象是好的还是坏的。为了强调自己的看法和观点，他们还要故意表现得"不听话""逆反"，这都是为了实现精神上的独立。他们开始研究，我到底是谁？

最后，他们在家庭之外开始建立新的同伴关系。这对他们非常重要，这是建立平行关系的开始。他们有了独立的判断标准之后，就希望在很多问题上尝试自己去解决，他们希望脱离父母的指导和安排，不愿意再和父母达成共识。他们希望摆脱对父母的依赖，依靠同伴就成了一个特别重要的过渡方式。独立之路一开始充满了矛盾性，他们既想独立又不想分离，既想寻求帮助又特别地想靠自己。有智慧的父母此时会时进时退，最终推动独立，同时承受分离。

精神分析理论认为人要获得精神世界的独立，需要获得两类力量。一类力量是有关养育、抱持和情感的滋养，这多数由母亲完成，被称为母性力量，是妈妈力。另一类力量与规则、秩序感及向外探索有关，这一类养育职能多半由爸爸承担，是父性功能，是爸爸力。

母性功能和父性功能，是不同的力量和能量。母性功能并非只有母亲可以提供，父性功能也并非只有爸爸才有。心智独立的父母的内心同时拥有这两种力量——既有爱和温暖，也同样具备规则和秩序感。

你可以从这样的两个画面中体会：孩子在母亲的怀抱里，两个人温柔地对视，这是妈妈力；父亲牵着孩子的手，父亲和孩子的目光都看向父亲指向的方向，这是爸爸力。

妈妈的怀抱和目光，爸爸的保护和引领帮助我们走进现实世界。

妈妈力，恰到好处的爱

在心理学理论被引入我国的同时，很多西方的养育理念也在我国流行起来。这其中产生了非常多的误读，"无条件的爱"就是其一。很多教育机构都在传递这样一个理念，我们对孩子要有"无条件的爱"，但什么是无条件的爱，在什么情况下给孩子无条件的爱，到底有没有无条件的爱，却很少有人真正清楚。

无条件的爱其实源自人本主义心理治疗流派的治疗观念——无条件积极关注。美国心理学家罗杰斯提出了无条件积极关注的治疗理念，这也被称为正向关注或积极关怀。罗杰斯认为心理咨询师要以积极的态度看待来访者，对他们的行为的积极面、光明面给予有选择的关注，帮助来访者利用自身的积极因素推动积极的变化的发生。这其中还包括在咨询过程中不评价，不要求，对来访者表现出无条件的温暖和接纳，让来访者觉得自己是一个有价值的人。这个治疗理念被简单地解读成了一句口号：给孩子无条件的爱。

爱，是恰到好处的支持

刚出生的婴儿的确需要妈妈倾其所能、没日没夜地照顾。孩子的自我认知和自我感觉，也需要用爱灌溉。孩子的心像一个容器，爱就是流淌在里面的能量。小婴儿觉得自己简直就是一个超人，可以获得全世界。随着孩子慢慢长大，一个最重要的任务就是让孩子去掉这种"心想事成""理想化"的全能感。适度的挫折、恰到好处的支持才会让孩子健康成长。

小婴儿随时都要吃奶，慢慢长大以后就要断奶，学习形成规律的饮食习惯，再大一点就要学习自己吃。每一个进步都是孩子从妈妈的"拒绝"中学会的，都不是"无条件的"。恰到好处的支持是懂得放手，让孩子可以迈开自己的步伐。

怕孩子跌倒就一直把孩子放在学步车里，担心孩子吃不下就把食物研磨得很细碎，怕孩子冷就一再给孩子增加衣服，担心孩子累就不让孩子做家务……这些无疑都是对孩子的独立力量的剥夺。爱是无条件的，给予是有条件的。不同年龄的孩子有不同的发展任务，养育者需要有智慧地掌握分寸和尺度，给予孩子恰到好处的支持。

"无条件的爱"的说法还会给母亲带来压力，导致她们压抑自己的感受，过分地牺牲自己。这样的压抑造成母亲对孩子的期待过多，混淆自己和孩子的需要之间的界限，对孩子过度控制。妈妈也要照顾好自己，顺其自然地让爱发生。

爸爸力，拒绝散养

同样被误读的还有"散养"这个词。"散养"只是一个比喻，源自解放孩子的天性的理念。然而，解放天性绝不是自由散漫。有的孩子不想上幼儿园，家长说："那咱就不去了。"孩子上学后该按时做作业，家长说："这不重要。"老师维持正常的教学秩序，要求孩子遵守规矩，这竟然也会被家长投诉。这样的解放天性显然有矫枉过正的倾向。散养，不是放任，更不是放纵。如果一个孩子没有在养成秩序感的关键时期学会与规则相处，不懂礼貌和规矩，"无拘无束"，那么其危害将是深远的。

规则是保护，是内心安全感的来源。

天地万物都有其道，这就是规则。

两岁是孩子形成秩序感的关键时期，这个时候孩子开始有了自我意识。自我意识是宝贵的，也是需要被约束的。家长会给小婴儿搭一个围栏，围栏外面是"危险的"，围栏里面是自由玩耍的空间。这个围栏就是规则。规则和秩序感是对孩子天然的保护。当孩子开始"满地打滚"地说"不"的时候，你的处理方式就是在教会孩子如何和规则打交道。是以暴制暴，还是无限纵容？是彻底压制，还是有节制地拒绝并温柔而坚定地坚持？父母是孩子人生中的第一个"规则"代言人，父母与孩子互动的过程就形成了孩子对待规则的态度。

我的女儿的小学班主任是一名非常有经验的教师。在一年级的头两个星期，她没有着急"上课"，而是大力训练刚进入校园的小学生们的秩序感。同学们练习收拾书包、整理文具、在上课时集中注意力，在放学后快速地穿好衣服到走廊上集合。当孩子们走出校门的时候，这个队伍非常整齐，孩子们在解散的时候会对老师鞠躬并齐声说："老师再见！"对此，我的印象极为深刻。六年来，这个集体获得了北京市先进班集体、班级生活质量 A 等各种荣誉，在合唱比赛、运动会上也是连连夺冠。孩子们的学习成绩也在年级中名列前茅。纪律与快乐并不冲突。优秀的人不排斥规则和秩序。

规则和秩序感也是形成自律和责任感的重要保证。

很多人说孩子写作业慢、磨蹭、注意力不集中。这很可能是因为有关写作业的"规矩"没立好，孩子没有养成良好的习惯和自我负责的精神。

写作业是一件很有仪式感的事。从孩子开始做她的第一份作业，我们全家人就建立了与写作业有关的"规则"——孩子有专门的写作业的书桌、做作业的过程中不可以吃东西、一旦姐姐开始写作业，弟弟不可以到姐姐的房间玩……

规则和秩序感促进了对责任的承担。

其实很多家长对孩子的散养是一种自我补偿。我们自己在生活中被束缚得太多了，现实的压力太大了，而养育的过程又需要我们承担太多的责任。散养又何尝不是对自己的一次"解放"。

家长在"散养"时要能"散"在适宜之处——对孩子的创造力、想象力可以"散"，对孩子的探索精神可以"散"，对孩子的爱好、自我表达、独立精神可以"散"。而这一切恰恰要基于强大的自律和责任感。

清晰的角色是进入现实的努力

角色是一个社会学概念，是你以"自我状态"加入社会关系后，通过一系列的努力在规则中产生的一个结果。

现实社会中的每种角色都有必然要承担的责任和必须要适应的规则。厌学的孩子会因无法继续承担学业的责任而不再适应学校的规则。毕业的年轻人会因无法转换角色、无法适应职场规则，而承受职场的压力。很多女性会因为"自我角色"和"母亲角色"的冲突而出现产后抑郁。在心理咨询中，帮助来访者解决早期创伤、释放情绪压力的最终目的就是不断使角色的定位和责任清晰化，帮助来访者理解规则，从而重新走进现实。

很多人说："我要做自己！"做自己是一种自我状态、自我感觉。而角色是你是谁、你想要成为谁。这需要你加入社会规则才能够实现。

角色为什么要受规则的约束

法律、法规、规章制度会定义角色的一部分责任和义务。

道德和公序良俗也会对角色有所约束。文化也会在社会关系的变化中对角色施加无形的影响。比如，员工这个角色的基本权利和义务受合同法、劳动法、公司规章制度约束。每家公司也有约定俗成的企业文化。想跳脱这些约束而对自己的角色进行定义很难。

网络文学平台具有准入审核机制简单、身份不公开的特点，这使写手可以匿名进行作品发布。匿名的确带来了书写的自由感，也减少了对创作的束缚，作者可以放下现实身份的包袱。但身份"隐匿"的缺点是会纵容越界的言行，缺乏对积极价值观和正能量的坚持。这是对"作者"这个角色的约束失控。

自由与责任总是相伴而生的。

角色又是如何被关系影响的

一个新手妈妈为什么容易抑郁？因为她面对的关系发生了太多的变化。进入母亲的角色需要女性和孩子建立关系，这已经是一个重大的课题了。然而，此时女性还要适应从和爱人的二人世界到三人世界的转变、职场关系的变化，以及照顾孩子的老人、保姆的加入……每一种关系里都有彼此对角色的期待和要求，这都需要女性花精力和时间去适应。中年人的压力就在于，在他扮演的每个角色里，他都开始变成关系里被依赖的、需要承担更多责任的一方。

在现代社会中，权威关系发生了很多变化，员工被赋予了更多的话语权，孩子和父母之间也变得更加平等了。这种社会文化的变化也需要人们重新适应。社会关系总是处在动态变化的过程中，自己对社会角色的适应性是重要的心理功能。

你只有在适应规则、尊重关系的基础上，才可能对你的角色进行创造。你可以选择和你内心的价值观更加匹配的环境，因为你更容易适应那里的规则。你也可以选择经营你理想中的关系，因为这样你在扮演自己的角色时会更加轻松、愉快。

当你成为更加精彩的自己时，你才有力量改变身边的世界。

经营关系，拥有自己的支持系统

人与人的关系，本质上是一种心理的距离。关系因距离远近的不同，有着不同的作用和相处的原则，关系可分为三大类，由近及远依次为亲密关系、信任关系和社交关系。

亲密关系通常是最密切的私人联系。它是人与人通过很深的互相了解和认知形成的一种互相的熟悉和喜欢，是一种彼此依恋的关系。亲密关系中的双方拥有归属感，会向彼此开放更多的隐私空间，可以放心地披露内心深处的想法、感受，甚至和道德、性相关的隐私及情感。要发展一份亲密关系，通常需要耗去可观的时间（可能是几个月、几年，而不是几天、几小时）。亲密关系为我们提供的主要是情感和精神上的支持。

信任关系是人们基于认同而建立的人际关系。信任意味着彼此认同、相互支持。双方不仅会为彼此取得的成就感到自豪，会为能够协作实现目标感到发自内心的喜悦，还能一起面对困境，携手解决困难，从而形成坚不可摧的团队和联盟。信任关系中的双方不一定像亲密关系中的双方那样会向彼此开放更多的个人隐私，也不一定有归属感和深切的依恋感，但可以为彼此提供稳定而有力的支持。

社交关系是基于实用性和资源交换而建立的人际关系。多存在于业务关系、工作关系之中，是人们在为了满足社会交换的需要而开展的社会活动中产生的关系。良好的社交关系也需要彼此友好、互惠互利。在三类关系中，社交关系中的双方对隐私的开放度最低，甚至不开放自己的隐私。在关系的稳定性和情感质量上，社交关系，也明显不如前两种关系深刻。

亲密关系、信任关系和社交关系之间并没有绝对的分水岭。对于不同的关系，每个人都有自己的定义和标准，也有自己的相处原则。有的人对亲密关系的要求非常高，在他们心中，那种灵魂上的知己可遇不可求。有的人的社交关系的范围非常大，但是不太和他人产生情感往来。有的人的信任关系建设得非常好，他们有很多志同道合的朋友或追随者，但却不一定有亲密关系。有时候一个人只存在于你的某一种关系中，但有的人身上可能同时存在所有关系的属性。

关系的维护是非常微妙的，需要我们有自己的底线和边界，并且能够把握关系的分寸。边界太僵化容易造成人与人之间的隔阂；边界太模糊会导致彼此的独立空间丧失，造成彼此之间的侵扰和伤害。

无论怎样，关系构成了你的整个人生的支持系统。

主动自律，方可抵达自由

在我的训练营里有一个学员，她是一个对自己要求非常严格的管理者，她不仅在工作中表现出色，而且把家庭和孩子也安排得很好。在训练营里她坚持学习，还主动承担了很多帮助其他小伙伴的任务。训练营里有一个训练是"说出内心的愿望"。她意外地在这里卡了壳儿。其他的小伙伴踊跃地说着各种各样的内心想法，她意识到她在生活里好像只有各种目标：年度 KPI、孩子的成绩，甚至家务的完成标准，而没有"愿望"。之后，她似乎突然之间丧失了行动力——忘记打卡、工作中开小差，甚至开始出现抑郁的倾向。那些曾经支持着她变得更优秀的自律精神，瞬间坍塌。

大家都说，自律让人自由。你知道自律其实也有很多种吗？

受到规则严格约束的他律

在这个阶段，人的行动力一般来自对惩罚的恐惧以及道德惩罚的压力。人出于对"对错""应该""惩罚"的恐惧而采取行动。处在这个阶段的人在情感层面比较容易出现界限不清、责任不明的问题。

想成为规则中的获益者的被动自律

在这个阶段，人认同某个制度和规则，希望成为合格者或优秀者。然而，这个"优秀"很多时候是为了获得他人的认可或者利益。很多所谓的"终身成长者"和"精致的利己主义者"就是如此。

想成为自己的主动自律

这个阶段的人具备真正意义上的自律。他们有契约精神，在关系中界限比较清晰，能够自动自发地为自己负责，能够为了成就自己的理想和目标而积极主动地要求自己。

这位学员的自律显然停留在第二个阶段，是想要成为优秀者的被动自律。她看似非常有行动力，自我约束水平也很高，其实她还是在被外界的规则和标准牵动着。她的出发点是为了达成那个标准，获得认可，而不是期待实现自己的愿望，成为更好的自己。

真正让你能获得自由的自律是以成为你自己这一愿望为出发点的。

试着问自己这些问题，耐心地寻找答案吧。

❖　我想要什么？

❖　我可以做什么？我要付出什么代价？

❖　我要承担什么责任？我愿意付出什么？

❖　这是我发自内心的决定吗？

❖　我的行动和决定对他人和社会有价值吗？

自主书写刻意练习：书写的进阶

自主书写刻意练习包含三个阶段。

第一阶段：自由书写

在自由书写阶段，你已经找到了和自己的潜意识相连的感觉。你有能力"笔随心动"，哪怕跃然纸上的这颗心，会让你大失所望、大惊失色……自由书写的目标是不断打破自我防御。

第二阶段：自我观心

自我观心是指通过书中介绍的各种练习方法进行人格重塑。语言是可视化的人格碎片，反映着你的内在剧本。在书写中，整理文字的过程也是人格重构的过程。我们的目标是通过反复练习各种方法把内在失调型的剧本转化为成长型的剧本。

失调型剧本可以被概括为三种：缺陷型剧本、冲突型剧本及无序型剧本。缺陷型剧本更多地指向自我怀疑、否定、攻击。冲突型剧本更多地指向无所适从、价值冲突、身份障碍。而无序型剧本要更复杂一些，指个体因内在自我的建构程度低而使书写的内容杂乱无章、充满无意识的情绪和感受。

第三阶段：自主创作

穿越内在的重塑，你终于可以自由发声了。此时，你如果爱上了书写，期待可以创作自己的作品并公布于众，你自然就走到了自主创作的阶段。而自由书写、自我观心的方法已经进入你的无意识，可以任你自由运用。

你可以成为自媒体创作者、作家、编剧，或者诗人，总之你可以通过写作赚钱。是否能获得社会化的回报是自由书写与自主创作的最大区别。创作不仅是你的自由表达，更重要的是，你要让创作为你铺展进入社会、寻找位置和拥有身份的道路。

　　或者，你已经是一名在社会上获得成功的书写者，我相信自由书写、自我观心，依旧可以让你经历心灵的蜕变，使你的自主创作再添华彩。

学习精神分析，在我的前半生里是一件特别有意义的事。

在此之前，我从来不知道人的精神世界竟然有如此丰富的内容；我也很难区分，被无意识的浪潮裹挟着向前和在觉知状态下做出选择究竟有何不同。精神分析是我探索生命的开始。

精神分析有两个局限。其一，以"想象"治愈"想象"。那些被定义为因"过去"而产生的心灵痛苦是事实，还是想象？我们对"过往"的探索无法还原事实信息，主要依靠"领悟"，我们很难界定这其中的差别。其二，动力回溯。"寻根认祖"是精神分析的核心优势，也是导致精神分析走入死局的"推手"。将问题归因于"过去""原生家庭"不利于自我负责，也会让缺乏智慧根基的人跌入无边的黑暗。

沿着精神分析的道路行至生命深处，我遇到

了欧文·亚隆的《存在主义治疗》和余华的《活着》。前者引领我直面"死亡"，告诉我把生命的责任重新把握在自己的手中。后者以一幅宏大的历史画卷为背景，不着痕迹地铺展开沉重的现实人生。

存在主义和文学打开了我的下半生。

无畏岁月，向死而生

女儿到了青春期，个子已经比我高了，身体也在发育之中，她总念叨"当青春期遇到更年期"。看着她茁壮地成长，我自然一日日地生出更年期逼近的焦虑。自己的体力明显不如从前了，父母也已经是"名副其实"的老人了。这种生命即将走向衰老的恐惧油然而生、萦绕不断。

死亡焦虑是我们最底层的焦虑，所有的焦虑最终都指向死亡。

我们在年轻的时候意识不到死亡。其实它一直以各种各样的方式存在着。竞争失败是象征意义上的死亡，"上岸""终身学习""内卷"不都是因担心失败而出现的狂奔吗？被抛弃也是象征意义上的死亡。这个飞速发展的社会中有 2.5 亿被二维码抛弃的老人，他们在某种意义上已经进入了"社会性死亡"。想成为拯救者、想成为与众不同的人（这样也许就可以不死）也都是内心面对死亡时的自我救赎。

在我们如此害怕死亡的同时，生命开始变得更加漫长。

在科技的帮助下，人类应对自然的能力越来越强，人类的寿命不断增加，"生"好像变得更加容易了。然而在这漫长的余生里，人们活得更加快乐了吗？

人类好像走向了分裂的两极。一方面，我们看到了越来越多追求高品质的生活的人。他们精力充沛、崇尚自然、自律、拥有有意义的生活。而另一方面，也有越来越多的人在现代生活中日渐退化——"茧居"、沉迷于网络、陷入各种各样的精神疾病。他们活着，却好像已经在某种意义上走向了"死亡"。

我们需要"觉醒时刻"，重新激活自己的人生。

一位朋友打电话告诉我，他的母亲患上了阿尔兹海默病，服用药物后情绪问题有所缓解，思维、记忆方面的问题却并没有好转。他想请我帮忙问问专家有没有什么好办法。我有点不忍心回复他。大脑的衰退是不可逆的。我的另一个姐妹的奶奶也患上了这个病，她眼见着奶奶一天天地糊涂、一日日地忘记些什么。最让她绝望和悲伤的是，也许明天早上起来，奶奶就不再记得她是谁了。

生命必将逝去。在我们面对这个问题时，我们的生命态度会发生不可思议的转变。欧文·亚隆把这样的遭遇命名为

"觉醒时刻"。生命中的重要的人即将离去、面临生死抉择、遭遇重大疾病、经历重要的人生时刻……都会给我们带来觉醒的体验。"死亡会在肉体上毁掉人，但死亡的观念却能拯救人。"

觉醒体验是对死亡的一次预演，它让我们清醒地意识到，生命是短暂的、有限的。既然如此，我们到底是不是在过自己想要的生活？如果不是的话，我们接下来该怎么过？"直面如影随形的死亡，并不是打开惹人烦恼的潘多拉的盒子，而是以更丰富、更有同情心的方式重返人生。"

女演员咏梅凭借在《地久天长》中的表演获得金鸡奖影后，她说："能不能别把我的皱纹都修平了，这是我好不容易才长出来的。"衰老和死亡，是无须掩饰的。那些写在脸上和刻在心里的百转千回都是岁月的馈赠。

生命本就是在一次次丧失中轮回的。

自主书写刻意练习：写一份遗嘱

写一份遗嘱往往能够激发我们的"觉醒体验"。选一个合适的机会，认真地去完成这一次书写，直面人生的最后时刻。你这一生中最重要的人是谁？此时你最放不下的人又是谁？你将把自己的财产和子女托付给谁？谁才是你此生最信任的人？你这一生有没有什么遗憾？让你最有成就感的往事是什么？谁又是最让你欣慰的人？如果明天你将离开人世，那么你现在最想做的是什么？

让美好在一个人时发生

我们身在一个似乎不再需要依赖彼此的时代，我们崇尚独居，科技和社会化服务可以帮助我们比较轻松地独自面对生活。我们可以一个人在家里追剧、读书、打游戏、健身。和孤独相处是现代人的必修课。

但在过去的观念里，"一个人"就是鳏、寡、孤、独，这都是有目共睹的不幸境遇。很多人无法想象一个人如何"快乐"地活着。蒋勋在《孤独六讲》中说："孤独并没有什么不好。孤独变得不好，是因为你害怕孤独。"

让美好的事情在孤独中发生需要独立的内心。

一个人如果内心充满依赖，没有独立的人格，精神世界空虚，必然会在孤独之中焦虑，怕被他人和社会抛弃，或者会因离开了规定的安排而无法自己行动。

疫情期间，我被隔离在北京的家中，被迫"孤独"了很长一阵子。关心我的家人们都很焦虑，但对于我来说，这却是一个"绝好"的安排。我终于可以从日常的家务、孩子的学业中解放出来，安心完成自己的书稿了。最重要的是，我终于可以完完全全地一个人、和自己在一起了。这弥足珍贵。尽管在有邻居被感染而被送进医院的那个晚上，我也紧张、不安、难以入眠。然而，我想晚年的生活不过就如这一夜吧：亲人和孩子并不在身边，疾病和死亡却会如期而至。你终将孤独地面对自己的生命。

于是，就连这份意外的孤独体验竟然也变得无比珍贵。

蒋勋说，孤独是生命圆满的开始。一个人如果没有和自己独处的经验，就不会懂得和别人相处。我对这句话有很深的体会。我们在年轻的时候总是爱热闹，生怕自己没有朋友，无法融入集体中。我们和他人分分合合，聚聚散散。我们经历信誓旦旦的爱情，遭遇痛不欲生的背叛。人到中年，终于明白，关系是这一生中最难的事。"至远至近东西，至亲至疏夫妻。"我们开始放下对他人的期待，也开始慢慢缩小自己的交际圈，把多余的人请出自己的生命，让自己的生活不被消耗。

分离才是人生的常态。

人生中终归只有自己，自己是自己生命中最忠诚的陪伴者。每个人在一生中，最终还是会遇到那个孤独的自己。

你站在镜子前，亲切地问候自己，这是你最熟悉的老友。你坐下来，尝尝自己亲手做的自己最爱吃的菜饭，感受平凡的满足。你打开衣柜，询问自己，到底自己在穿哪一件衣服时才是自己最喜欢的样子？看着书桌上的自己的照片，你喜欢这个人身上发生的故事吗？不要让自己成了最熟悉的陌生人。

从惊慌失措地要赶走孤独，到能气定神闲地一个人坐拥美好，这个过程本身也美好极了。

自主书写刻意练习：探索你的梦

（用手机微信扫描二维码，即可边听边做）

梦是一个人和自己的对话。尝试理解梦中的自己也是孤独的人的有趣游戏。你可以把梦当作一个破碎的故事，反复品味和体会，每个梦都包含多重的意义。梦中的隐喻和象征只有你自己才会懂。当你可以开始理解梦里那个孤独的自己时，你便也可以理解现实中的那个孤独的自己。你静静地坐在窗边，看着窗外的街道上正在上演的大剧。人生也不过是大梦一场。

一般来说，梦有这样一些作用。

第一，现实中无法实现的愿望在梦中实现了。

第二，对白天遇到的事情进行复习、预演，为白天的困境寻找出路。

第三，压抑的情绪，比如恐惧、愤怒，在梦中呈现。

第四，与自己开展内心的对话，给自己启示、领悟和预言。

你可以在醒来后，闭上眼睛，快速回忆一遍梦，并记录下你依旧记得的东西。它不一定是一个完整的故事，也可以是一些散碎的片段，你能回忆出多少就写出多少。

然后，你开始回到现实生活中，时不时地，在整体的氛围和情绪的感受上体会这个梦，如果有哪些新的回忆或者联想发生，把它们记录下来。

完成这些记录后，你可以找一个相对独立的时间整理自己的梦。你可以尝试用以下的方法对梦进行书写。

第一，联想近期生活中的特殊事件，想想哪些可能与这个梦有关联，以及你从中受到了什么启发。

第二，找到梦中的最强烈的情绪，比如恐惧，围绕这个感觉进行书写。

第三，把整个梦作为一个故事剧本进行书写。试着对它进行完善，填补梦中没有的部分和细节。

第四，使用采访法针对梦中的情境提出一系列问题，然后再对这些问题一一进行回答。

自由不是诗和远方

早些年有一句很流行的话叫"来一场说走就走的旅行"。

"生活不止眼前的苟且，还有诗和远方。"真相却是"苟且"和"诗"都是生活的一部分，"眼前"和"远方"也都是有好有坏的现实。它们就好像从未分开过的自由和责任。

我体验过朝九晚五的工作，我从传统企业转到互联网公司，就是为了让自己自由一些。然而，工作节奏和福利保障也随着自由度的增加而变得不同了。后来，我成了"自由职业体验"，这回我算是彻底自由了，同时也面临着彻底的"自我承担"——业务靠自己拓展，福利靠自己打赏，工作时间虽然灵活但其实更长了。

每一个更大的自由空间，都会对人的自律和自我负责提出更高的要求。自由从来就不是"诗和远方"。你既有本事搞定眼前的"苟且"，又有能力选择向自己的"诗和远方"前行，这才是自由。

现在的社会拥有了更多的自由，为什么个体却如此焦虑、无力？

其实就是因为我们的责任也前所未有地增加了。你开始独立规划自己的生活，你需要自我感知、自我判断、自我选择，并且对结果自我负责。所以很多时候，说走就走的旅行并不是源自对自由的渴望，你只是想离开这些沉重的责任。

那么责任又是什么？

我们很熟悉工作的责任、家庭的责任、社会的责任。但其实，责任更是一种对自己的态度。责任意味着，承认自己是自我命运中的感受和困境的创造者，自己是决策者。其他人、其他因素都不是造成不快乐的罪魁祸首，我们生活中的经历是我们自己选择的结果。当我们感觉无法活出自己，无法感觉在为自己而活时，我们对自己的生命就没有承担起责任。

责任是自由的保障。

因为自我负责带来了你的愿望、决定和行动。很多人会经常说"我不能"。负责任的说法其实是"我不愿"。愿望是从心而发的，人在体验到愿望后就会面临决定和选择。决定是愿望和行动之间的桥梁。坚定的决定带来坚决的行动；刻意的决定的背后往往有一个"难以言说"的愿望；胆怯的决定，大多意味着被覆盖的愿望；放任的决定则充满了无意识的欲望。愿望真正升起、渐渐清晰、慢慢凝聚后，才会带来明确的决定。这是为自己负责的开始。

决定影响着你自己的行动。知而不行，就是完全不知。因为只有行动，才能让改变在现实中发生。"领悟"不一定带来改变，因为它无法延伸到自身之外，无法影响自己和环境的关系。

同时，你的自由以他人为界。你的行动并非完全自由，你在为自己负责的同时，对他人、对社会、对世界也是负有责任的。

在平衡自由和责任的过程中，我们需要问自己以下问题。

有关我和"我们"

你允许自己为自己做决定吗？
你允许别人自己为自己做决定吗？
别人必须满足我吗？
你能为自己承担责任吗？
你愿意为别人付出？
别人可以改变我吗？
你可以改变别人吗？

有关我和"权威"

我知道自己与领导、专家、前辈等权威的关系的本质都是与父母的关系的重现吗？

我如果不顺从，会受到惩罚吗？

我希望权威者是完美的吗？我有崇拜权威的倾向吗？

我认为权威者都没什么能力且一无是处吗？

我有改变权威者的倾向吗？我想比他们做得更好吗？

我和权威者建立关系的方式是怎样的？

如果让我用一个词描述我内心对父母的感受，那个词会是什么？

我对待下属、孩子的方式是否重现了我和权威者之间的关系模式？

有关我和"世界"

这个世界是确定的吗？

这个世界是安全的、值得信赖的吗？

规则是不变的吗？

什么规则是不变的？什么规则是变化的？

规则是谁制订的呢？

哪些事情是你自己决定的？哪些事情是别人决定的？哪些事情是你们都无法决定的？

在规则中我们该担负的责任是什么呢？

自主书写刻意练习：打卡 100 天

100 是个象征圆满的数字。而在书写训练中，我们发现，持续打卡 100 天，有助于养成书写的习惯，并能产生阶段性的、肉眼可见的成果。

这 100 天的打卡内容是可以根据你的自身情况来自我设计的，可以是每一日记录最重要的三件事，也可以是每天进行几百字的自由书写，还可以是在书写团体里坚持完成各项书写任务。持续的书写会带来连续不断的自我蜕变。

世俗的"幸福范本"并非你的生命意义

生命的意义是什么？

很多时候，我们好像活在一个有着标准目标的未来里。目标就是意义。那些目标曾经是：考上一所好大学、有一份"稳定的"工作、结婚生子、帮孩子取得好成绩……然后，我们看着孩子背着书包走进学校，又开始早早地计划如何让他考上一所好大学、有一份稳定的工作……

难道，生命就是这样周而复始地重复吗？

我们到底在为谁而活？

人生的意义和价值从哪儿找？这是一个非常宏大的议题。约瑟夫·坎贝尔在《神话的力量》里写道："所有人都在寻找的是生命的意义，我不认为有什么是我们真正在寻找的。我认为我们在寻找的是活着的体验。"

在日复一日的麻木的生活里，激活体验并不是寻找强烈的刺激。能激活体验的恰恰是一件件"平常"的小事。你可以在手机的歌单里寻找不一样的歌曲，也许这时候你会发现熟悉的旋律还停留在那个青春的年代。你可能花了很长的时间去搜索自己喜欢的新歌，新鲜的旋律犹如清凉的泉水注入你的生命里，这就是一次成功的激活。你也可以去研究各种甜品、制作手工、重新读书……你会发现这一切都让你开启了新体验，你打开了新生活。

当体验日益充盈，使命就会不期而至。

欧文·亚隆在《直视骄阳》中提到了"波动影响"。书中说，每个人都是有影响力的，都能够影响周围的人。这就类似于池塘里的涟漪，它能够一圈一圈地扩散出去，虽然它渐渐地没有反应了，但在非常小的分子层面，这种波动依然在传递。我们都可以留下一些你自己也不知道的影响。这就是使命，是更深远的意义。

我们可以通过生育下一代来传递我们的基因；器官捐赠

能够让我们的身体的一部分在另一个人的身上继续存在；我们可以在普通的生活里，对他人产生各种各样的积极的影响——可能是通过一次耐心的倾听，也可能是通过伸出援手。有些人可以在一些专业的领域取得一些成就，或者能够推动某一个事业的发展……这些都将荡漾起生命的涟漪。

徐凯文教授在一次讲座中说，要找到自己的价值和意义所在，人需要六个字：求美、求真、求善。求美是创造，当你在创造的时候，你能从工作中看到自己的价值和意义，你就会有美的感受。求真就是去深切地体验，体验作为一个人的完整的独特性，同时去理解人和爱人。求善是做出最符合内心良知的事情。我们只要和内心最深处的自己在一起，就会去做那些善良的事情。若生命可以处处充满真、善、美的涟漪，这将是一个多么美好的世界。

自主书写刻意练习：寻找生命的涟漪

想象一下，你已经离开人世，穿越到未来的世界。在未来的世界里，你还可以看到哪些有关于自己的生命的痕迹呢？比如，自己的后代、自己曾经种下的树木、自己的作品……试着写一写在你遇见它们时发生的一切。

后记 🪐

飞行，是一件特别不接地气的事。

对于一个不爱攀谈的人来说，飞机上最好的消遣便是读书。

登机前编辑上线，婉转地提醒书稿石沉大海、杳无音讯的我："上次说的稿子，怎么样了？"而我的日子正热热闹闹地展开着。儿童节的大型活动刚刚落幕，接下来是合唱团的演出和期末考试……写作，在这个热闹的当下，的确奢侈。可是总有一种力量，把我一次次地拉回到这张书桌前。又或者，我其实一直都没有离开。

于是，在调暗客舱灯光后，伴随着邻座男士的微微鼾声，我打开了阅读灯，今日随行的是《写出我心》。

推荐这本书给我的编辑叫师欣，她之前是《南方周末》的记者，也是《心理月刊》的资深编辑。在一次聊天中，她听说我一直在坚持写日记。这是我在退隐职场江湖回家带娃的这几年的各种碎碎叨叨。我亲切地叫她"怨妇手记"。我从来没觉得这些文字会有什么价值，书写也不过是我随手取用的解压方法罢了。可是师欣说，这叫日记体。她鼓励我把这其中的方法整理出来。

那是 2017 年，我还没有做好准备。

然而，有一些感觉，在心底，在深深的泥土之下，翻了个身。

2018 年，我遇到了人民邮电出版社的编辑姜珊。写作之事再次被提上日程。姜珊非常具有市场眼光，也知道一个新作者该如何开始。我们在疫情后，出版了《学会说话》和《交互式对话》两本书，我在创作上也开始日渐成熟。

　　然后，我特别期待的这本书就与您见面了。

　　一个真正的作者和一个熟练的主妇并无不同，都要全然地投入并保持一种清醒的旁观者的姿态。作者带着读者，就如同妈妈陪着孩子，你们一起体会所有的感受，一起迎接生命的一次次展开，一起探寻一个个生命的秘密。除了欢呼庆祝，那些从心底流淌而出的迷茫、无助、冲突、哀求，也是生命的样子。而，泄于指尖、跃然纸上的一次次书写，亦是心灵的蜕变之路。

　　终于等到你，还好我没放弃。

　　我不过是，在日日的琐事中，走回了写字的路。

与生活保持

一张纸的距离